待ち行列理論

工学博士 大石 進一 著

コロナ社

まえがき

　本書は，待ち行列理論の基礎的事柄について，丁寧に解説したものである。理工系の学部生 (2 年生から) を対象とし，線形代数と微積分の初歩的知識のみを前提とした。著者は，待ち行列理論，トラヒック理論の講義をこの 10 年来行ってきた。この教科書はその経験に基づいて，半期の講義用テキスト (90 分の講義 12～14 回分の分量) としてデザインした。内容は，待ち行列理論の基礎を丁寧に論じることに重点をおき，応用への導入的解説も行った。基礎的な事項の理解を重視して本書を著したので，一つの定理について何種類もの証明が述べられていることがある。これにより，重要な定理や概念をさまざまな角度から掘り下げて理解を深めることができる。

　さて，本書の特徴であるが，待ち行列の理論をできるだけ，標本過程に対する直感的な議論から解説した点である。最近の欧米や日本の優れた研究成果にこのような方向性の根拠がある。標本過程は実際に起こる現象の一つの見本であり，それから待ち行列を性格づけるならば，公式や定理の本質を直感的に理解できるからある。

　もう一つの本書の特徴は，フリーな数値計算ツールの利用である。現在では，高度な数値計算インタプリタを無料でダウンロードして利用できる。このようなツールを大学の教育・研究に積極的に利用しようというのが著者の願いであるが，本書でも，Scilab と呼ばれる MATLAB クローンの数値計算ツールを利用している。このような数値計算ツールを利用すると，従来の待ち行列理論で必携であった図表を用いることなく，必要な量を簡単に計算することができる。そのために，待ち行列理論で必要となる諸量の計算アルゴリズムに関する議論も少なからず展開されている。

　本書による半期 (90 分で 12～14 回) の講義を考えると，1 回に 10 ページ前

後の内容を説明する(理解する)ことが必要になる。本書では，基礎的な事項を丁寧に説明してあるので，この中からさらに基本的な事項を抜き出して講義し，残りは本書に任せるというような使い方ができるものと思われる。特に，基礎的な講座の場合，1章を1回で講義し，2章から7章までの6章分を2回ずつ講義すると13回の講義となる。残りを，トピックスとして学生に読んでもらうことにすれば，本書1冊を，教科書(1章から7章)と副読本(8章から10章)として使うこともできる。

以上のような利用法により，本書が，待ち行列理論の講義展開に役に立つことがあれば著者の望外の幸せである。

なお，本書を著すにあたって，内外の多くの文献のお世話になっている。巻末に参考文献を掲げて，それらの著者に深く謝意を表する。

また，出版に当たり，いろいろお世話いただいた，コロナ社の各位に感謝する。

最後に，本書を父に捧げる。

2003年3月

旧花畑の上に立つ父母の家にて
大石　進一

本書に記載された会社名，商品名，製品名は一般に各社の登録商標，商標または商品名です。なお，本文中では，TM，Ⓒ，Ⓡマークは省略しています。

目　　　次

1. 確　　　率

1.1 確 率 空 間 1
　1.1.1 標 本 空 間 1
　1.1.2 事　　　象 2
　1.1.3 確　　　率 3
　1.1.4 条件付き確率 4
1.2 確 率 分 布 4
　1.2.1 確 率 変 数 4
　1.2.2 確率分布関数 4
　1.2.3 裾野分布 6
　1.2.4 期 待 値 6
　1.2.5 分　　　散 7
　1.2.6 条件付き期待値 8
　1.2.7 独立な確率変数の max と min の分布 8
演 習 問 題 9

2. ポアソン過程

2.1 ポアソン過程 10
　2.1.1 ポアソンの定理 13
　2.1.2 微分方程式によるポアソン分布の導出 14
　2.1.3 関数方程式によるポアソン分布の導出 15
　2.1.4 合　　　流 16
　2.1.5 分　　　流 17
2.2 指 数 分 布 18
　2.2.1 指数分布のマルコフ性 20
　2.2.2 アーラン分布 21

演 習 問 題 22

3. リトルの公式

3.1 再 生 過 程 23
 3.1.1 点過程と計数過程 23
 3.1.2 再 生 過 程 25
 3.1.3 再 生 定 理 26
 3.1.4 余命の平均 29
 3.1.5 再生–報酬定理 32
3.2 リトルの公式 33
 3.2.1 リトルの公式とその図的な証明 34
 3.2.2 $H = \lambda G$ 36
 3.2.3 $H = \lambda G$ からリトルの公式を導く 38
 演 習 問 題 38

4. マルコフ連鎖

4.1 離散時間型マルコフ連鎖 40
 4.1.1 遷 移 確 率 40
 4.1.2 マルコフ連鎖のグラフ 42
 4.1.3 再 帰 性 44
4.2 定常分布とその数値計算法 44
 4.2.1 待ち行列計算のための数値計算ツール 45
 4.2.2 定常分布の数値計算 50
4.3 連続時間マルコフ過程 57
 演 習 問 題 61

5. 待 ち 行 列

5.1 待ち行列システムの定義とケンドールの記法 62
 5.1.1 待ち行列システムの表し方 62
 5.1.2 ケンドールの記法 64
5.2 PASTA 66
 5.2.1 PASTA 66
 5.2.2 PASTA の証明 67
5.3 待ち行列の解析に現れる量 68

    5.3.1　占　有　率 68
    5.3.2　特 性 測 度 69
  演 習 問 題 70

6.　M/M/S/S

6.1　M/M/S/S の解析 71
  6.1.1　過渡状態を記述する方程式 72
  6.1.2　定常状態の分布 73
  6.1.3　打ち切られたポアソン分布のグラフ 76
6.2　アーラン B 式 78
  6.2.1　アーラン B 式のトラヒック特性 80
  6.2.2　負 荷 曲 線 81
  6.2.3　利 用 率 83
  6.2.4　サービス時間分布に対する不感性 83
6.3　トラヒック理論への応用 85
  演 習 問 題 87

7.　M/M/S

7.1　M/M/1 88
  7.1.1　M/M/1 の平衡分布 89
  7.1.2　M/M/1 の特性 91
  7.1.3　平均値解析 92
  7.1.4　スループットタイムの分布 93
7.2　M/M/S 94
  7.2.1　定常状態での解析 94
  7.2.2　アーラン C 式 95
  7.2.3　アーラン C 式の特性 96
  7.2.4　アーランの遅延システムの解析 97
  7.2.5　M/M/S, FCFS の待ち時間分布 98
  演 習 問 題 99

8.　出生死滅過程

8.1　出生死滅過程の一般的性質 101
  8.1.1　純粋出生過程 101

	8.1.2	純粋死滅過程	103
	8.1.3	出生死滅過程	104
8.2	出生死滅過程となる待ち行列		106
	8.2.1	M/M/1/K	107
	8.2.2	M/M/1/–/K	107
	8.2.3	M/M/s/s/n	108
	演習問題		110

9. ポラチェック–ヒンチンの公式

9.1	M/G/1 の平均値解析	111
9.2	ポラチェック–ヒンチンの公式の導出	112
	9.2.1 ポラチェック–ヒンチンの公式の導出 II	112
	9.2.2 ポラチェック–ヒンチンの公式の導出 III	115
	演習問題	116

10. 待ち行列ネットワーク

10.1	待ち行列ネットワークの理論へ	118
	10.1.1 Burke の定理	118
	10.1.2 M/M/1 の 2 段直列接続	120
	10.1.3 二つの M/M/1 の並列系	123
10.2	M/M/1 の開ジャクソン網	124
	10.2.1 ジャクソンの定理	125
	10.2.2 ジャクソン網の平均的な振舞い	127
	10.2.3 最適なサービス時間の割当て	129
	演習問題	130

参考文献	131
演習問題の解答	132
索引	141

1 確　率

本章のねらい　待ち行列理論は確率の考え方を使って，システムを有効に利用しようという学問である．例えば，「1日に平均1000人の客が来店する銀行に，最低いくつの窓口を用意すれば客をあまり待たせずに良いサービスを提供できるか」ということを解析するのが待ち行列理論である．確率の概念を使うと，とても役に立ち，面白い理論ができることを皆さんは学習するであろう．本章では，本書全体の準備として確率について学習する．

1.1 確率空間

まず，確率の基礎概念となる確率空間の学習からスタートしよう．

1.1.1 標本空間

サイコロ投げを例にして考える．目が 1, 2, 3, 4, 5, 6 であるサイコロを投げたとき，目 3 が出たとする．サイコロ投げを確率現象であると考えたとき，その現れる得る結果である目を標本という．いまの場合，標本は 3 である．標本が取りうる値の集合を標本空間 (sample space) という．標本空間を記号 Ω で表すと，いまの例では

$$\Omega = \{1, 2, 3, 4, 5, 6\} \tag{1.1}$$

である．また，電池の寿命であれば，正の実数の集合で表され

$$\Omega = \{\,\text{正の実数}\,\} \tag{1.2}$$

である．

さて，確率は標本空間の部分集合に対して割り当てられる．例えばサイコロ投げの例において，丁を

$$丁 = \{2, 4, 6\} \tag{1.3}$$

と定義する．丁は標本空間 Ω の部分集合である．このとき，丁が出る確率を例えば

$$P(丁) = \frac{1}{2} \tag{1.4}$$

とする．このように標本空間の部分集合に確率を割り当てることで，確率モデルが定まる．これを抽象化して確率空間という概念が定義される．以下，確率空間について学習しよう．

1.1.2 事　象

まず，事象を定義する．上の例で，丁が出るというような確率的な現象が事象である．数学的には，標本空間 Ω の部分集合が事象である．例えば丁という事象は，式 (1.3) のように，丁 $= \{2, 4, 6\}$ で表される．確率論では，どのような確率で事象が現れるかはあらかじめ決まっているとして解析を始める．科学や工学では，事象がどのような確率的性質を持つかはきわめて重要な興味の対象であり，モデリングの問題として議論される．ここでは，そのようなモデリングの問題はいったん置いておき数学的な確率の定義に戻ろう．S を事象の集合とする．S はつぎの性質を満たしていると仮定する．

(σ1) Ω 自身は事象である ($\Omega \in S$)

(σ2) A が事象ならば，その補集合 A^c も事象である ($A \in S \Rightarrow A^c \in S$)

(σ3) $A_k \in S$, $(k = 1, 2, \cdots)$ が事象ならば，その和集合も事象である
$(A_k \in S, (k = 1, 2, \cdots) \Rightarrow \bigcup_{k=1}^{\infty} A_k \in S)$

Ω が事象となることから，(σ2) により，空集合 $\emptyset$ も事象となる．また，(σ3) から，A, B が事象ならば，$A \bigcup B$ も事象となることがわかる．$A \bigcup B$ を和事象という．和事象は事象 A または B のいずれかが起きるという事象を表して

いる。この結果と $(\sigma 2)$ より

$$A \bigcap B = (A^c \bigcup B^c)^c \in S \tag{1.5}$$

となり，$A \bigcap B$ も事象となる。$A \bigcap B$ を積事象という。積事象は，事象 A および B が同時に起きるという事象を表している。

1.1.3 確　率

こうして，標本空間と事象が定義されたので，事象に確率を割り当てよう。確率 P は事象 (標本空間 Ω の部分集合) の集合である S から実数への関数で，つぎの性質をもつものをいう。

(p1)　$P(A) \geqq 0, \quad (\forall A \in S)$

(p2)　$P(\Omega) = 1$

(p3)　$A_k \in S(k=1,2,\cdots)$，かつ $A_k \cap A_j = \emptyset$ $(k \neq j$ のとき$)$ ならば

$$P\left(\bigcup_{k=1}^{\infty} A_k\right) = \sum_{k=1}^{\infty} P(A_k) \tag{1.6}$$

こうして，確率論を展開する枠組みがそろった。標本空間 Ω，事象 (確率が定義される Ω の部分集合) の集合 S，および事象に確率を割り当てる関数 (これを確率測度という)P の三つ組 (Ω, S, P) を確率空間という。

コーヒーブレイク

　電気，電子，情報系の学科では，待ち行列理論ではなくトラヒック理論という言葉で待ち行列理論について講義することが多い。これは，1900 年代の初頭，アーランによって，待ち行列理論のほぼ最初の応用として，電話の回線交換網の設計に採り入れられ，それが大成功を収めたからである。待ち行列理論の応用は，このほか，オペレーションズリサーチ，機械修理などと幅広く，情報通信系でもパケット交換では待ち行列理論の用語のほうが多く用いられることもある。待ち行列理論とトラヒック理論が存在することの注意点は，同じ概念に対する用語が異なる場合があることである。しかし，両者の用語はそれぞれに自然で，学習が進むにつれて，違和感なく理解されるので心配しなくてもよい。

1.1.4 条件付き確率

三つ組 (Ω, S, P) を確率空間とする。事象 $A \in S$ の出現確率が零でないとする $(P(A) > 0)$。このとき任意の $B \in S$ に対して

$$P(B|A) = \frac{P(A \bigcap B)}{P(A)} \tag{1.7}$$

を定義する。これは，A が起きたという条件下で事象 B が起きる確率であると考えられる。これを，事象 A が起きたときの事象 B の条件付き (出現) 確率という。$P(B|A)$ は A を固定して S 上の関数とみると，確率測度の性質 (p1) から (p3) を満たしていることがわかる。二つの事象 $A, B \in S$ が

$$P(A \bigcap B) = P(A)\, P(B) \tag{1.8}$$

を満たすとき，事象 A と B は独立であると呼ばれる。事象 A と B が独立で $P(A) > 0$ とすると，式 (1.7) から，$P(B|A) = P(B)$ となる。すなわち，事象 A と B が独立であるときは，事象 A が起きても事象 B の出現確率に影響を与えない。$P(B) > 0$ のときには逆もいえる。こうして，事象 A と B が独立とは，たがいに出現確率に影響を与えない事象と事象の間の関係であることと理解される。

1.2 確率分布

1.2.1 確率変数

三つ組 (Ω, S, P) を確率空間とする。X を Ω から実数の集合 (以下，これを $\boldsymbol{R}$ と表す) への関数とする。X を確率変数という。

1.2.2 確率分布関数

確率変数 X が実数 x 以下の値を取る確率を

$$F(x) = P(X \leqq x) \tag{1.9}$$

と書き，F を X の確率分布関数または単に分布関数という．X がものの数や出来事の起きた回数など，$x_1, x_2, \cdots$ というように離散的な値を取るとき，X を離散的な確率変数であるという．X が離散的な確率変数であるとき

$$p_j = P(X = x_j) \tag{1.10}$$

とすると

$$F(x) = \sum_{\{j | x_j \leqq x\}} p_j \tag{1.11}$$

が成り立つ．$\{p_j\}_{j=1}^\infty$ は確率分布と呼ばれる．

X が水の量や粒子の位置など連続的な値を取るとき，X を連続的な確率変数であるという．X が連続的な確率変数であるとき

$$F(x) = \int_{-\infty}^x f(s)\,ds \tag{1.12}$$

となる非負な関数 f が存在したとき，f を F の確率密度関数という．式 (1.12) から，分布関数 F が微分可能ならば確率密度関数 f が存在して

$$f(x) = \frac{dF(x)}{dx} \tag{1.13}$$

となる．

分布関数 $F(x)$ はつぎの性質を満たす．

(d1) $F(x) \to 0, \quad (x \to -\infty)$

(d2) $F(x)$ は単調非減少で，右連続（3.1.1 節参照）．

(d3) $F(x) \to 1, \quad (x \to \infty)$

さらに，$a < b$ に対して

$$P(a < X \leqq b) = F(b) - F(a) \tag{1.14}$$

が成り立つ．X が連続的で確率密度関数をもつとき，$B \subset \boldsymbol{R}$ に対して

$$P(X \in B) = \int_B f(s)\,ds \tag{1.15}$$

で与えられる．確率変数 Y を

$$Y = g(X) \tag{1.16}$$

とすると，Y の分布関数 $F_Y(x)$ は

$$F_Y(x) = P(g(X) \leqq x) = \int_{g(s)\leqq x} f(s)\, ds \qquad (1.17)$$

で与えられる。

例 1.1 確率変数 X_1, X_2 が連続的でそれぞれ確率密度関数 f_1, f_2 をもち，たがいに独立であるとしよう。このとき，確率変数 $Y = X_1 + X_2$ の分布関数 F_Y を計算してみよう。

$$\begin{aligned}
F_Y(x) &= \iint_{t+s\leqq x} f_1(t)\, f_2(s)\, dt\, ds \\
&= \int_{-\infty}^{\infty} ds \int_{-\infty}^{x-s} dt\, f_1(t)\, f_2(s) \\
&= \int_{-\infty}^{x} dt \int_{-\infty}^{\infty} f_1(t-s)\, f_2(s)\, ds \qquad (1.18)
\end{aligned}$$

を得る。したがって，Y の確率密度関数は

$$f_1 * f_2(t) = \int_{-\infty}^{\infty} f_1(t-s)\, f_2(s)\, ds \qquad (1.19)$$

で与えられる。$f_1 * f_2$ を f_1 と f_2 の合成積 (convolution) という。

1.2.3 裾野分布

$X \geqq 0$ であるような確率変数を考える。このとき $F(t)$ を分布関数とすると

$$P(X \leqq x) = F(x) \qquad (1.20)$$

で与えられる。また，$F^c(t) = 1 - F(t)$ を裾野分布または補分布と呼ぶ。

1.2.4 期 待 値

X を離散的な確率変数とする。X の期待値を

$$E(X) = \sum_j x_j\, p_j \qquad (1.21)$$

によって定義する。

つぎに，X を連続的な確率変数とする。本書では，簡単のため，連続的な確率変数 X について，X の分布関数 F が確率密度関数 f によって

$$F(x) = \int_{-\infty}^{x} f(x)\,dx \tag{1.22}$$

と書けると仮定する。このとき，X の期待値 (F の平均値ともいう)$E(X)$ を

$$E(X) = \int_{-\infty}^{\infty} x\,f(x)\,dx \tag{1.23}$$

と定義する。X の取る値が非負であるとする。このとき

$$X = \int_{0}^{X} dx \tag{1.24}$$

より

$$E(X) = E\left(\int_{0}^{X} dx\right) = E\left(\int_{0}^{\infty} u_{\{x \leq X\}}(x)\,dx\right)$$
$$= \int_{0}^{\infty} E(u_{\{x \leq X\}})\,dx = \int_{0}^{\infty} (1 - F(x))\,dx \tag{1.25}$$

となる。ただし，A を集合として

$$u_A(x) = \begin{cases} 1 & (x \in A \text{ のとき}) \\ 0 & (\text{そうでないとき}) \end{cases} \tag{1.26}$$

である。u_A を集合 A の特性関数という。

1.2.5 分　　散

分散は，確率変数 X がその平均値からどのくらいばらつくかを表す重要な尺度となり

$$V(X) = E((X - E(X))^2) \tag{1.27}$$

で表され

$$V(X) = \int_{-\infty}^{\infty} (x - E(X))^2 f(x)\,dx$$
$$= \int_{-\infty}^{\infty} x^2 f(x)\,dx - \left(\int_{-\infty}^{\infty} x\,f(x)\,dx\right)^2 \tag{1.28}$$

が成り立つ。$V(X) = \sigma^2(X)$ と書くことがある。$\sigma(X)$ を標準偏差 (standard deviation, σ はそのイニシャル s のギリシャ文字) という。

$$c_X = \frac{\sigma(X)}{E(X)} \tag{1.29}$$

を変動係数 (coefficient of variation) という。c_X は確率変数 X の変動の度合いを表す無次元の尺度となる。変動係数は，後述のポラチェック–ヒンチンの公式という重要な待ち行列理論の公式の中に現れる。

例 1.2 (幾何分布)　$p > 0$ とする。値 $n = 1, 2, \cdots$ を取る離散的な確率変数 X が

$$P(X = n) = p(1-p)^{n-1}, \quad (n = 1, 2, \cdots) \tag{1.30}$$

となるとき，X は幾何分布に従うという。

$$E(X) = \frac{1}{p}, \quad \sigma^2(X) = \frac{1-p}{p^2}, \quad c_X^2 = 1 - p \tag{1.31}$$

である。

1.2.6　条件付き期待値

X, Y を確率変数とする。条件付き期待値 $E(Y|X)$ において

$$E(E(Y|X)) = \int_{-\infty}^{\infty} E(Y|X=x)\, f(x)\, dx \tag{1.32}$$

が成り立つ。条件付き期待値から，条件付き確率を $A \in S$ に対して

$$P(A|X) = E(u_A|X) \tag{1.33}$$

で定義することができる。

1.2.7　独立な確率変数の max と min の分布

$X_1, X_2, \cdots, X_n$ を独立な確率変数とする。また，$F_i(x)$ と $G_i(x)$ をそれぞれ X_i の分布関数と裾野分布関数とする。このとき

$$\begin{aligned}
&P(\max\{X_1, X_2, \cdots, X_n\} \leq x) \\
&= P(X_1 \leq x, X_2 \leq x, \cdots, X_n \leq x) \\
&= P(X_1 \leq x)\, P(X_2 \leq x) \cdots P(X_n \leq x) \\
&= F_1(x)\, F_2(x) \cdots F_n(x)
\end{aligned} \tag{1.34}$$

および

$$P(\min\{X_1, X_2, \cdots, X_n\} > x)$$
$$= P(X_1 > x, X_2 > x, \cdots, X_n > x)$$
$$= P(X_1 > x)\,P(X_2 > x) \cdots P(X_n > x)$$
$$= G_1(x)\,G_2(x) \cdots G_n(x) \qquad (1.35)$$

が成り立つ。

演 習 問 題

1. $f(t)$ を分布密度関数とする。$f(t) = 0, \ (t \leq 0)$ のとき
$$m_1 = \int_0^\infty t f(t)\,dt$$
が裾野分布を用いて
$$m_1 = \int_0^\infty F^c(t)\,dt$$
で与えられることを示せ。

2. $f(t)$ を分布密度関数とし，$f(t) = 0, \ (t \leq 0)$ とする。
$$m_2 = \int_0^\infty t^2 f(t)\,dt$$
とするとき $m_2 \geq m_1^2$ となることを示せ。

3. 独立な非負値確率変数 $X_i, \ (i = 1, 2)$ が指数分布 $P(X_i \leq t) = 1 - e^{\lambda_i t}$ に従うとき
$$P(\min\{X_1, X_2\} \leq t) = 1 - e^{(\lambda_1 + \lambda_2)t}$$
となることを示せ。

2 ポアソン過程

ポアソンが唯一情熱を注いだものは科学である (Guglielmo Libri)

本章のねらい 確率変数 X が時間の関数になっているとき，$X(t)$ を確率過程という．すなわち，時間変数 t を固定したとき $X(t)$ が確率変数になっているとき，$X(t)$ を確率過程という．待ち行列理論では確率過程モデルが重要となる．

確率過程 $X(t)$ の時間 t は実数の集合 $\boldsymbol{R}$ の上や，離散的時刻 $\{1, 2, 3, \cdots\}$ の上を動いたりする．前者を連続時間型確率過程，後者を離散時間型確率過程という．また，t を固定したときの確率変数 $X(t)$ の取る値を状態という．状態の集合を Σ で表す．$X(t)$ を Σ 上の確率過程ともいう．

本章では，待ち行列理論で非常に重要な役割を演じる確率過程であるポアソン過程を中心に学習する．

2.1 ポアソン過程

宇宙からニュートリノが地球にやってくる，電話がかかってくる，ファクシミリが届く，電子メールが届くなど，出来事が起きることのモデルとして最も簡単なものは，それらがでたらめに起きるというものであろう．でたらめに出来事が起きることの確率過程モデルとしてポアソン過程があり，基礎的に重要である．

ポアソン過程は，出来事がつぎのルールに従って発生すると考えるモデルである．

1. (独立性) 出来事が起きるのはたがいに独立である。
2. (定常性) 出来事が起きる確率はどの時間帯でも同じである。
3. (希少性) 微小時間 Δt の間にその出来事が 2 回以上起きる確率は $o(\Delta t)$ である (なお,「微小時間 Δt の間にその出来事が起きる確率は $\lambda \Delta t$ である」としておく)。

例 2.1 銀行に客が来る場合の例を考えよう。ポアソン過程の三つの仮定は,客がたがいに相談することなく (独立性),一定の割合で (定常性) 来店することを意味している。希少性は客が連れ立って 2 人とか 3 人で来ることはないという仮定である。また, $o(\Delta t)$ はデルタティーのスモールオーダと読み

$$\lim_{\Delta t \to 0} \frac{o(\Delta t)}{\Delta t} = 0$$

が成り立つことを表す数学的な記号である。

さて,時間間隔 $(0, t]$ の中で,出来事が k 回起きる確率を $P_k(t)$ とする。ただし, $k = 0, 1, 2, \cdots$ とする。$P_k(t)$ は式 (2.1) で与えられることが知られている。

$$P_k(t) = \frac{(\lambda t)^k}{k!} e^{-\lambda t}, \quad (k = 0, 1, 2, \cdots) \tag{2.1}$$

その導出は少しあとで行うことにして,ここでは,時刻 t を固定すると

$$\sum_{k=0}^{\infty} P_k(t) = e^{-\lambda t} \sum_{k=0}^{\infty} \frac{(\lambda t)^k}{k!} = e^{-\lambda t} e^{\lambda t} = 1 \tag{2.2}$$

となることを注意しよう。明らかに, $P_k(t) \geq 0$ であるから,各時刻 t において, $P_k(t)$ が確率分布となることがわかる。これをポアソン分布という。図 **2.1** にポアソン分布を示した。図には, $\lambda t = 1, 2, 3$ の場合を重ねて示した。λt が大きくなるほど正規分布に近づいていくことがわかる。

また,図 **2.2** にはポアソン分布の $P_k(t)$ を時間の関数としてみたところを示した。

2. ポアソン過程

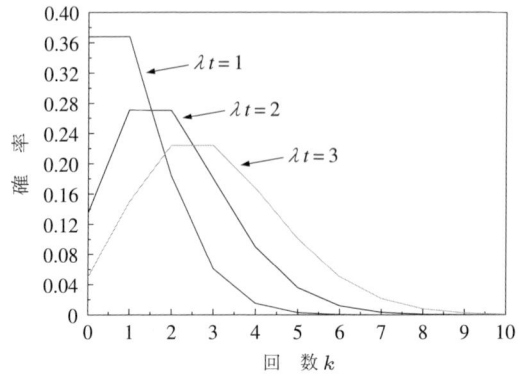

図 **2.1** ポアソン分布

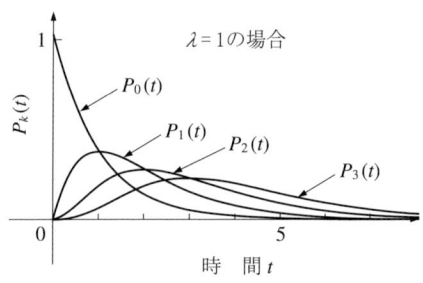

図 **2.2** ポアソン分布の $P_k(t)$ を時間の関数としてみたところ

コーヒーブレイク

ポアソン (Poisson, S. D.) は 1781 年にフランスに生まれ，1840 年に没した著名な数学者である．最初に薬学を学んだが，分野を転じてエコールポリテクニークで数学を 1798 年から学んだ．師にラプラスとラグランジュがいた．彼らはポアソンの生涯の友ともなった．1802 年からエコールポリテクニークで教え，生涯に 300 篇を超える論文を書いた．定積分やフーリエ級数の研究に大きな貢献をするなど大きな足跡を残している．実際，こんにちポアソン積分，ポテンシャル論のポアソンの方程式，力学系のポアソン括弧式，弾性の分野のポアソン比，電気の分野のポアソン定数など彼の名前はさまざまな分野にみられる．1837 年に Recherches sur la probabilite des jugements(Researches on the Probabilities of Opinions) という本を出版した．この中で，二項分布の適当な極限として式 (*2.1*) の分布が初めて現れた．これがポアソン分布の名前の由来である．

2.1.1 ポアソンの定理

表と裏の出る確率がそれぞれ p と q であるコイン投げを考える。このコイン投げを n 回行ったときに，表が k 回出る確率はつぎのように計算される。n 回のコイン投げの結果を記述した記録の中で，k 回が表であるものは ${}_nC_k$ 通りのパターンがある。これらのすべてのパターンは k 回表が出て，$n-k$ 回裏が出ているので，そのようなパターンが生じる確率は $p^k(1-p)^{n-k}$ である。よって，コイン投げを n 回行ったときに，表が k 回出る確率は

$${}_nC_k \, p^k (1-p)^{n-k} \tag{2.3}$$

$$k = 0, 1, \cdots, n, \quad p > 0, \quad q > 0, \quad p + q = 1$$

で与えられる。式 (2.3) で与えられる分布を二項分布という。

さて，二項分布において，$r = np$ を一定としながら，n を大きくすることを考えよう。このとき

$$\begin{aligned}
&{}_nC_k \, p^k (1-p)^{n-k} \\
&= \frac{n(n-1)\cdots(n-k+1)}{k!} p^k (1-p)^{n-k} \\
&= \frac{np(np-p)\cdots(np-kp+p)}{k!} (1-p)^n (1-p)^{-k}
\end{aligned} \tag{2.4}$$

に注意する。これと，$np \to r, \; (n \to \infty)$ のとき，$(1-p)^n \to e^{-r}, \; (n \to \infty)$ より

$$\lim_{n \to \infty} {}_nC_k \, p^k (1-p)^{n-k} = \frac{r^k}{k!} e^{-r} \tag{2.5}$$

を得る。これをポアソンの定理という。こうしてポアソン分布が二項分布の極限として得られることがわかった。

このポアソンの定理を用いると，時間間隔 $(0, t]$ の中で出来事が k 回起きる確率がポアソン分布になることは，つぎのように理解できる。$\Delta t = t/n$ とする。n が十分大きいとき，時間間隔 Δt の間に出来事が起きる確率は $\lambda \Delta t$ で，起きない確率は $1 - \lambda \Delta t$ になる。ただし，$n \to \infty$ への極限をとるので，$o(\Delta t)$ の項は無視して考える。コインの表を出来事が起きたことに対応させ，裏を起きなかったことに対応させる。すると，$p = \lambda \Delta t$ であるから

$$r = np = n\lambda \frac{t}{n} = \lambda t \tag{2.6}$$

となる。これから，ポアソンの定理により，式 (2.1) が成り立つことがわかる。

2.1.2　微分方程式によるポアソン分布の導出

でたらめな出来事が時刻 0 から t までの間に n 回起きる確率を $P_n(t)$ とし，図 2.3 を考える。

図 2.3　ポアソン分布のための時間の分割

この場合，Δt の一次のオーダーまで考えると式 (2.7) が成り立つであろう。

$$P_n(t + \Delta t) = P_n(t)(1 - \lambda \Delta t) + P_{n-1}(t)(\lambda \Delta t) \tag{2.7}$$

よって

$$\frac{P_n(t + \Delta t) - P_n(t)}{\Delta t} = \lambda(-P_n(t) + P_{n-1}(t)) \tag{2.8}$$

が成り立つ。ここで，$\Delta t \to 0$ とすると $P_n(t)$ が t の微分可能な関数であるとして

$$\frac{dP_n(t)}{dt} = \lambda(-P_n(t) + P_{n-1}(t)) \tag{2.9}$$

となる。この式は，$P_{-1}(t) \equiv 0$ として $n = 0, 1, 2, \cdots$ で成り立つ。$n = 0$ では式 (2.9) は

$$\frac{dP_0(t)}{dt} = -\lambda P_0(t) \tag{2.10}$$

となる。式 (2.10) より

$$P_0(t) = A e^{-\lambda t} \tag{2.11}$$

となることがわかる。時刻 $t = 0$ では $P_0(t) = 1$ であるから，$A = 1$ である。よって

$$P_0(t) = e^{-\lambda t} \tag{2.12}$$

となることがわかる。

$P_n(0) = 0, (n = 1, 2, \cdots)$ であることを利用して，$n = 1, 2, \cdots$ の順に式 (2.9) を解いていくと

$$P_n(t) = \frac{(\lambda t)^n}{n!} e^{-\lambda t} \tag{2.13}$$

となることもわかる。

2.1.3 関数方程式によるポアソン分布の導出

ポアソン分布の導出にはいろいろな方法がある。ポアソン分布は重要であるので，異なった導出法も示しておこう。また，それはポアソン分布に対する別の観点からの直感的理解も促すことになる。

簡単のため，$P_0(t) = e^{-\lambda t}$ だけを示そう。独立性と定常性から

$$P_0(t+s) = P_0(t) P_0(s) \tag{2.14}$$

となる。$P_0(t)$ が t の連続関数である場合，式 (2.14) の解は $P_0(t) = Ae^{-ct}$ か，$P_0(t) \equiv 0$ のいずれかである。ただし，A と c は定数とする。$P_0(t) = 0$ ということはどんなに短い時間帯 $(0, t]$ にも客は必ず来るということで，これは現実的でない。したがって，$P_0(t) = Ae^{-ct}$ であることがわかる。このとき，$t > 0$ が十分小さいとすると

$$P_0(t) = 1 - ct + o(t)$$

となる。希少性から $A = 1, c = \lambda$ であることがわかる。こうして，$P_0(t) = e^{-\lambda t}$ が導かれた。

例題 2.1 単位時間，すなわち，$t = 1$ におけるポアソン分布の平均値と分散を求めよ。

【解答】 $P_k = P_k(1)$ とする。X を分布 P_k に従う確率変数とする。その平均は

$$E(X) = \sum_{k=0}^{\infty} k P_k = \sum_{k=0}^{\infty} k \frac{(\lambda)^k}{k!} e^{-\lambda} = \lambda e^{-\lambda} \sum_{k=0}^{\infty} \frac{(\lambda)^k}{k!}$$
$$= \lambda e^{-\lambda} e^{\lambda} = \lambda$$

となる。また，分散は

$$V(X) = E(X^2) - E(X)^2$$
$$= \sum_{k=0}^{\infty} k^2 P_k - \lambda^2$$
$$= \sum_{k=0}^{\infty} [k(k-1) + k] P_k - \lambda^2$$
$$= \lambda^2 + \lambda - \lambda^2$$
$$= \lambda \qquad (2.15)$$

と計算される．このように単位時間経過後のポアソン分布の平均と分散はともに λ となる． ◇

2.1.4 合 流

いま，図 **2.4** のように，あるコンピュータに 2 本のケーブルが接続されており，ケーブル①からメールが生起率 λ_1 のポアソン分布により届き，ケーブル②からメールが生起率 λ_2 のポアソン分布により届くとしよう．ケーブル①と②から届くメールは独立であるとしよう．このとき，このコンピュータに二つのケーブルから届くメールを合流させると，どのような分布になるであろうか．

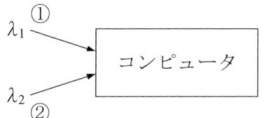

図 **2.4** ポアソン分布の合流

このコンピュータに時間間隔 $(0, t]$ の間に届くメールの数が n である確率を $Q_n(t)$ と書く．二つのケーブルからのメールの届き方が独立であることから

$$Q_n(t) = \sum_{k=0}^{n} P_k^{\lambda_1}(t) P_{n-k}^{\lambda_2}(t) \qquad (2.16)$$

で与えられる．ただし，$P_k^\lambda(t)$ は生起率 λ のポアソン分布とする．式 (2.1) を式 (2.16) に代入すると

$$Q_n(t) = \sum_{k=0}^{n} \frac{(\lambda_1 t)^k e^{-\lambda_1 t}}{k!} \frac{(\lambda_2 t)^{n-k} e^{-\lambda_2 t}}{(n-k)!}$$

$$= \frac{[(\lambda_1 + \lambda_2)t]^n \, e^{-(\lambda_1 + \lambda_2)t}}{n!} \tag{2.17}$$

となる．すなわち，$Q_n(t) = P_k^{\lambda_1+\lambda_2}(t)$ となることがわかる．これは独立にポアソン分布で入ってくるメールを合流させると，再びポアソン分布となることを表していて，ポアソン分布の著しい性質である．

2.1.5 分　流

つぎに，図 **2.5** のように，あるコンピュータからメールが生起率 λ のポアソン分布によって発生しているとし，このコンピュータから 2 本のケーブルが出ているとする．コンピュータは表の出る確率が p で，裏の出る確率が q のコイン投げをシミュレートするプログラムを持っており，表が出るとケーブル①にメールを流し，裏が出るとケーブル②にメールを流す．では，このコンピュータからケーブル①と②に分流していくメールの分布を求めてみよう．

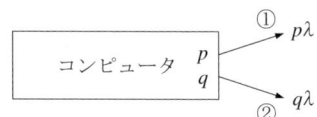

図 **2.5** ポアソン分布の分流

このコンピュータからケーブル①に時間間隔 $(0, t]$ の間に出て行くメールの数が n である確率を $Q_n^1(t)$ と書く．同様に，このコンピュータからケーブル②に時間間隔 $(0, t]$ の間に出て行くメールの数が n である確率を $Q_n^2(t)$ と書く．このとき

$$Q_n^1(t) = P_n^{p\lambda}(t), \quad Q_n^2(t) = P_n^{q\lambda}(t) \tag{2.18}$$

となる．すなわち，上記のような方法でメールを分流した際に得られる各ケーブル上を流れるメールの分布は再びポアソン分布となる．この結果を証明するために多項分布 (multinomial distribution) について調べておく．二つの結果 (1 と 2 とする) が出る独立な試行を n 回行ったとしよう．結果 1 が出る確率を p，結果 2 が出る確率を q とすると，n 回の試行の中で，n_1 回だけ結果 1 が出

て，n_2 回だけ結果 2 が出る確率は多項分布

$$\frac{n!}{n_1! n_2!} p^{n_1} q^{n_2} \tag{2.19}$$

で与えられる．さて，与えられた問題は，サイズ N がポアソン分布 $P_n(\lambda)$ で与えられる集合の要素を，でたらめに確率 p と q で集合 1 と集合 2 に振り分ける問題と考えることができる．したがって，集合 1 のサイズを N_1，集合 2 のサイズを N_2 とすると，$a = \lambda t$ として

$$\begin{aligned}
P(N_1 &= n_1, N_2 = n_2) \\
&= \sum_{n=0}^{\infty} P(N_1 = n_1, N_2 = n_2 | N_1 + N_2 = n) P(N = n) \\
&= \frac{n!}{n_1! n_2!} p^{n_1} q^{n_2} \cdot \frac{a^n}{n!} e^{-a} \Big|_{n=n_1+n_2} \\
&= \frac{p^{n_1} q^{n_2}}{n_1! n_2!} \cdot a^{n_1+n_2} e^{-a(p+q)} \Big|_{n=n_1+n_2} \\
&= \frac{(ap)^{n_1}}{n_1!} e^{-ap} \cdot \frac{(aq)^{n_2}}{n_2!} e^{-aq}
\end{aligned} \tag{2.20}$$

これは，N_1 と N_2 が独立でともにポアソン分布であることを示している．

2.2 指数分布

でたらめに出来事が起きるというポアソンモデルによれば，時間間隔 $(0, t]$ の間に n 回の出来事が起きる確率はポアソン分布になった．では，ある時刻で出来事が起きたとき，つぎに出来事が起きるまでの時間間隔の分布はどうなるか調べてみよう．生起率 λ のポアソンモデルにおいて，時間間隔 $T\ (>0)$ の間に，考えている出来事が 1 回も起きない確率 $p(T)$ は式 (2.1) から

$$p(T) = P_0(T) = e^{-\lambda T} u(T) \tag{2.21}$$

で与えられる．ただし，関数 $u(t)$ はヘビサイドのステップ関数（図 **2.6**）で

$$u(t) = \begin{cases} 1 & (t > 0) \\ 0 & (t < 0) \end{cases} \tag{2.22}$$

と定義される．

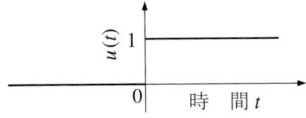

図 **2.6** ヘビサイドのステップ関数

これは，出来事が起きる時間間隔が T 以上となる確率 $P(T)$ となる。

$$P(T) = e^{-\lambda T}\, u(T) \tag{2.23}$$

出来事間の時間間隔分布の確率密度関数を $f(t)$ とすると

$$\int_T^\infty f(t)\, dt = e^{-\lambda T} \tag{2.24}$$

が成り立つ。式 (2.24) を T について微分することにより

$$f(T) = \lambda e^{-\lambda T}\, u(T) \tag{2.25}$$

を得る。また，出来事間の発生時間間隔が T 未満になる確率 $P(T)$ は

$$P(T) = (1 - e^{-\lambda T})\, u(T) \tag{2.26}$$

となることがわかる。確率密度関数 $f(t)$ が式 (2.25) で与えられる確率分布を指数分布という。

例題 2.2 指数分布する確率変数 X の平均と分散を求めよ。

【解答】 まず平均を求める。連続値を取る確率変数の平均は

$$E(X) = \int_0^\infty t\, f(t)\, dt$$

で与えられる。$f(t) = \lambda e^{-\lambda t},\ (t > 0)$ であるから，部分積分により

$$E(X) = \int_0^\infty \lambda t\, e^{-\lambda t}\, dt = -t\, e^{-\lambda t}\big|_0^\infty + \int_0^\infty e^{-\lambda t}\, dt = \frac{1}{\lambda}$$

と計算される。
　つぎに分散は

$$V = \int_0^\infty (t - E(X))^2\, f(t)\, dt \tag{2.27}$$

で与えられる。変形すると

$$V = \int_0^\infty t^2\, f(t)\, dt - 2E(X) \int_0^\infty t\, f(t)\, dt + E(X)^2 \int_0^\infty f(t)\, dt$$

$$= \int_0^\infty t^2 f(t)\,dt - E(X)^2 \qquad (2.28)$$

となる。ここで

$$\int_0^\infty t^2 f(t)\,dt = \int_0^\infty t^2 \lambda e^{-\lambda t}\,dt = \frac{2}{\lambda^2} \qquad (2.29)$$

に注意する。よって，$V = 1/\lambda^2$ を得る。

このように，ポアソン過程モデルにより出来事が起きる場合，出来事が発生してから，つぎの出来事が発生するまでの時間間隔の分布は指数分布となることがわかった。　　　　　　　　　　　　　　　　　　　　　　　　　　　　　◊

2.2.1　指数分布のマルコフ性

平均値 $1/\lambda$ の指数分布に従う確率変数 X について，X の値が t より大きくなる確率は

$$P(X > t) = e^{-\lambda t} \qquad (2.30)$$

で与えられた。このとき

$$P(X > t+s | X > t) = P(X > s), \quad (t, s \geqq 0) \qquad (2.31)$$

が成り立つことをみてみよう。実際に

$$\begin{aligned}P(X > t+s | X > t) &= \frac{P(X > t+s)}{P(X > t)} = \frac{e^{-\lambda(t+s)}}{e^{-\lambda t}} = e^{-\lambda s} \\ &= P(X > s)\end{aligned} \qquad (2.32)$$

である。逆に，$g(t) = P(X > t)$ と置くとき，g が t の連続関数となるとする。このとき，式 (2.31) が成り立つと

$$P(X > t+s | X > t) = \frac{P(X > t+s)}{P(X > t)} \qquad (2.33)$$

より

$$g(t+s) = g(t)\,g(s) \qquad (2.34)$$

が成り立つことがわかる。関数方程式 (2.34) を満たす連続関数は e^{at} の形の関数しかないことが知られているので，式 (2.31) を満たすことが，確率変数 X の分布が指数分布となることの必要十分条件となることがわかる。確率分布が式 (2.31) を満たすことを，その分布は無記憶である，またはマルコフ性をもつ

という。

2.2.2 アーラン分布

平均値が $1/\mu$ の指数分布に従って，出来事が発生しているとしよう。このとき，$k \geqq 1$ 回の出来事が起きるまでの経過時間の分布関数を求めてみよう。この問題は，数学的には X_i, $(i=1,2,\cdots,k)$ を平均値が μ の指数分布に従う独立な確率変数列とするときに，確率変数

$$Y_k = X_1 + X_2 + \cdots + X_k, \quad (k=1,2,\cdots) \tag{2.35}$$

の分布関数を求める問題である。例 *1.1* からわかるように，Y_k の分布密度関数を $f_k(t)$, $(k=1,2,\cdots)$ とすると

$$\begin{aligned}
f_1(t) &= \mu e^{-\mu t}\, u(t) \\
f_2(t) &= \int_{-\infty}^{\infty} \mu e^{-\mu(t-s)}\, u(t-s)\, \mu e^{-\mu s}\, u(s)\, ds\, u(t) \\
&= \int_0^t \mu e^{-\mu(t-s)}\, \mu e^{-\mu s}\, ds\, u(t) \\
&= \mu^2 e^{-\mu t} \int_0^t ds\, u(t) = \mu^2 t e^{-\mu t}\, u(t)
\end{aligned} \tag{2.36}$$

となることがわかる。さらに，$Y_3(t) = Y_2(t) + X_3(t)$ より

$$f_3(t) = \int_0^t \mu e^{-\mu(t-s)} \mu^2 s e^{-\mu s} ds\, u(t) = \frac{\mu^3 t^2}{2!}\, e^{-\mu t}\, u(t) \tag{2.37}$$

が導かれる。こうして，帰納的に $Y_k(t) = Y_{k-1}(t) + X_k(t)$ より

$$f_k(t) = \frac{\mu^k t^{k-1}}{(k-1)!}\, e^{-\mu t}\, u(t) \tag{2.38}$$

を得る。式 (2.38) において $\mu = k\lambda$ とすると

$$f_k(t) = \frac{(k\lambda)^k t^{k-1}}{(k-1)!}\, e^{-k\lambda t}\, u(t) \tag{2.39}$$

を得る。式 (2.39) を位相 k のアーラン分布という。記号的に E_k と表すことがある。式 (2.39) のグラフを $k=1,2,3,5,10$ として描いてみると図 **2.7** のようになる。

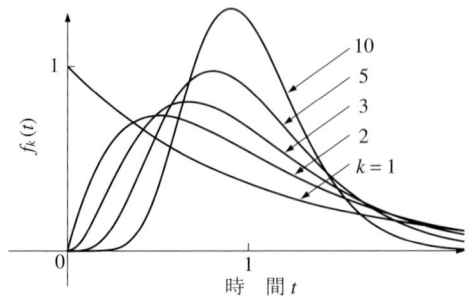

図 **2.7** 位相 k のアーラン分布 ($\lambda = 1$)

図 **2.7** からもわかるように，位相 k のアーラン分布を表す式 (2.39) は $k = 1$ で指数分布で，$k = 1, 2, 3, \cdots$ と k が増加するにつれて単位分布の密度関数であるディラックのデルタ関数へ近づいていく。こうして位相 k のアーラン分布はパラメータ k を $k = 1, 2, \cdots$ と変化させたとき，$k = 1$ ではランダムな現象を表す指数分布となり，$k \to \infty$ では規則的な単位分布となることがわかった。別のいい方によれば，位相 k のアーラン分布は指数分布から単位分布まで k の値によって変化していく分布である。

演 習 問 題

1. ポアソン分布は平均と分散が等しい。では，指数分布は平均と何が等しいか。
2. 位相 k のアーラン分布の平均と分散を求めよ。その結果，その変動係数 c が $c^2 = 1/k$ となることを示せ。
3. Cox 分布，超指数分布とは何か調べよ。

3 リトルの公式

本章のねらい ランダムに事象が起きることのモデルとして，ポアソン過程があることをみた。ポアソン過程は，例えば銀行に客が入ってくる状況がランダムであると考えられるとき，そのモデルとして使うことができる。では，そのようにして客が入ってくる銀行があったとき，例えば客はどのくらい待たされるかなどを解析するのが待ち行列理論である。待ち行列に対しては，分布などの細かい性質は考えず，銀行などのシステムに入ってくる客の数と出て行く客の数が等しいことから法則 (このような性質は保存則と呼ばれる) を導くことができる。これはある程度広い範囲の分布に共通に成り立つ性質となる。リトルの公式はその例である。本章では，リトルの公式などの広い範囲の待ち行列に対して成り立つ性質を導く。

3.1 再 生 過 程

客の到着の分布などの細かい性質によらない性質を導くために，客の到着の時刻に着目する確率過程として点過程を定義しよう。また，点過程の中でも，よく現れる再生過程について重点をおいて議論しよう。

3.1.1 点過程と計数過程

時刻 0 に開店した銀行に客がつぎつぎに到着するとする。銀行に n 番目の客が到着する時刻を t_n としよう。

$$0 < t_1 < t_2 < \cdots \tag{3.1}$$

とする。ただし

$$t_n \to \infty, \quad (n \to \infty) \tag{3.2}$$

が成り立つとする。これは有限時間内には有限回しか客が到着しないことを表している。客の到着時刻がランダムであるとして解析するとき，$\{t_n\}_{n=0}^{\infty}$ は離散時刻確率過程となり，これを点過程と呼ぶ。点過程とは客の到着時点の確率過程という意味である。$X_n = t_n - t_{n-1}, (n = 1, 2, \cdots)$ を到着間隔という。ただし，$t_0 = 0$ とする。

$$t_n = X_1 + X_2 + \cdots + X_n, \quad (n = 1, 2, \cdots) \tag{3.3}$$

となる。以下，n 番目に到着する客を C_n と表すことにする。時刻 t_n に到着した客 C_n がシステムに滞在する時間を $W_n \geqq 0$ とする。したがって，客 C_n がシステムを出発するのは時刻

$$d_n = t_n + W_n \tag{3.4}$$

である。

$0 \leqq t < \infty$ とする。$N(t)$ を時間間隔 $(0, t]$ の間に到着した客の数とする。すなわち

$$0 < t_n \leqq t \tag{3.5}$$

となる t_n の数とする。客の到着が時間間隔 $(0, t]$ の間に何回起きるかを $N(t)$ はカウントしているので，計数過程であるという。ポアソン過程は計数過程になっている。$N(t)$ のグラフの例を図 **3.1** に示した。

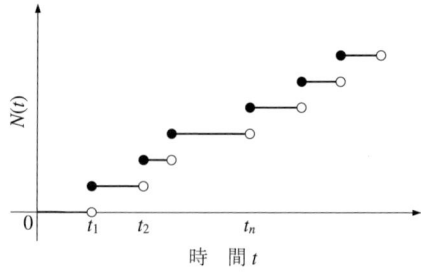

図 **3.1** $N(t)$ のグラフ

$N(t)$ は点 t_n 以外では直線である．また，以下，$N(t)$ が不連続となる点 t_n では

$$\lim_{t \downarrow t_n} N(t) = N(t_n) \tag{3.6}$$

が成り立つことを仮定する．これを右連続性という．ここで $t \downarrow t_n$ は $t > t_n$ を保ちながら $t \to t_n$ とすることを表す．すなわち，数直線上 t を t_n の右側から近づけたときに，$N(t_n)$ の値に収束することを右連続性という．また

$$\lim_{t \uparrow t_n} N(t) = 定数 \tag{3.7}$$

も仮定する．これを $N(t)$ が左極限を持つという．ここで $t \uparrow t_n$ は $t < t_n$ を保ちながら $t \to t_n$ とすることを表す．すなわち，t を t_n の左側から近づけたときに，$N(t_n)$ には収束しないが，一定値に収束することを左極限が存在するという．

また，時刻 $t \geqq 0$ でシステム内にいる客の数を $L(t)$ とする．すなわち，本書を通じて，$N(t)$ のような不連続点を除いて滑らかな関数を扱う場合には，不連続点 t_n での $N(t)$ の値は，t_n- では $N(t-\epsilon)$，($\epsilon > 0$ で十分小さいものとする) とし，$N(t_n) = \lim_{t \downarrow t_n} N(t)$ とする．ただし，t_n- とは，t_n より正の微小量だけ小さい数を表すものとする．端的にいえば，$N(t)$ は図 **3.1** のように不連続点の左側では白丸，右側では黒丸となるようなグラフとなるものとする．

さて，一般には客はシステムに，何か処理して欲しいものなどをもってくる．これを k_n で表そう．待ち行列理論の用語ではこれを客の運んでくるマークであるという．待ち行列理論では t_n と k_n がランダムであるとモデル化して解析する．そのとき，$\{(t_n, k_n)\}_{n=0}^{\infty}$ をマーク付き点過程と呼ぶ．

3.1.2 再生過程

事象の生起間隔が，たがいに独立で，同一ではあるが，指数分布とは限らない一般分布であるような点過程 $\{t_n\}_{n=0}^{\infty}$ を再生過程 (renewal process) という．すなわち，事象の生起間隔を

$$X_n = t_n - t_{n-1} \tag{3.8}$$

とする。X_n の分布が同一の確率分布 $F(t)$ で与えられるのが再生過程である。

例 3.1 (再生過程の例)　再生過程でモデル化される現象の簡単な例を挙げよう。

機械の修理　ある機械が連続運転しているとする。s_i 時間稼動したのちに故障し，故障するとただちに修理されて u_i 時間後に回復するものとする。回復後は新品と同じになるとすると，$X_i = s_i + u_i$ は独立で同一の分布に従うと仮定できる。すなわち再生過程でモデル化できる。

交通流　2車線以上ある高速道路のある車線を走っている車の車間はしばしば再生過程でモデル化される。また，そのような車線を走る車が特定地点を通過する際の時間間隔も再生過程でモデル化されることも多い。

$$N(t) = \max\{n : t_n \leq t\} \tag{3.9}$$

とする。t_n が t 以下で最も大きな n とは，時刻 t までに何回客が来たかを表しているので，$N(t)$ は計数過程となることがわかる。t_n は再生点と呼ばれる。明らかに，$N(t) \geq n$ となることと $t_n \leq t$ となることは同値となる。

3.1.3　再生定理

本項では，再生定理と呼ばれる重要な定理を説明する。そのため，まず確率論からの準備を行う。

確率変数の列 $X_1, X_2, \cdots, X_n, \cdots$ を考える。確率変数列 X_n が確率変数 X に概収束することをつぎのように定義する。

$$P(\{\omega | \lim_{n \to \infty} X_n(\omega) \to X(\omega)\}) = 1 \tag{3.10}$$

式 (3.10) が成り立つとき確率 1 で

$$X_n \to X, \quad (n \to \infty) \tag{3.11}$$

となるともいう。

概収束に関する議論は，少し高度になるので，本書では深入りしないことに

する。再生定理で重要となる大数の強法則は概収束を利用して述べられる。これをつぎに示そう。

定理 **3.1** (大数の強法則)

独立な確率分布に従う確率変数の列 $X_1, X_2, \cdots, X_n, \cdots$ を考える。このとき,

$$\sum_{n=1}^{\infty} \frac{V(X_n)}{n^2} < \infty \tag{3.12}$$

が満たされるなら確率1で

$$\frac{(X_1 - E(X_1)) + (X_2 - E(X_2)) + \cdots + (X_n - E(X_n))}{n}$$
$$\to 0, \quad (n \to \infty) \tag{3.13}$$

となる。

この定理の証明は省略する。大数の強法則を基に,再生定理について議論しよう。$X_1, X_2, \cdots, X_n$ を独立で同じ分布に従う確率変数とする。

$$t_n = X_1 + X_2 + \cdots + X_n \tag{3.14}$$

は再生過程となる。そこで,$N(t)$ をその計数過程とする。

$$N(t) = \sup\{n \geqq 0 | X_1 + X_2 + \cdots + X_n \leqq t\} \tag{3.15}$$

X_i の平均値がすべて同じになるので $E(X_i) = \mu$ とおく。このとき大数の強法則から

$$\frac{X_1 + X_2 + \cdots + X_n}{n} \to \mu, \quad (n \to \infty) \tag{3.16}$$

が確率1で成り立つことがわかる。ここで

$$t_{N(t)} \leqq t < t_{N(t)+1} \tag{3.17}$$

に注意する。式 (3.17) の両辺を $N(t)$ で割ると

$$\frac{t_{N(t)}}{N(t)} \leqq \frac{t}{N(t)} < \frac{t_{N(t)+1}}{N(t)} \tag{3.18}$$

を得る．ここで，大数の強法則から，式 (3.18) の最左辺は $t \to \infty$ のとき確率 1 で

$$\frac{t_{N(t)}}{N(t)} = \frac{X_1 + X_2 + \cdots + X_n}{n} \to \mu \tag{3.19}$$

となる．また，式 (3.18) の最右辺は $t \to \infty$ のとき確率 1 で

$$\frac{t_{N(t)+1}}{N(t)+1} \frac{N(t)+1}{N(t)} \to \mu \tag{3.20}$$

となる．よって，$t/N(t)$ は確率 1 で μ に収束する確率変数に上と下から挟まれているので，やはり，確率 1 で μ に収束する．以上から，つぎの定理が成り立つことがわかる．

定理 3.2 (初等再生定理)

$N(t)$ を再生過程とすると，$t \to \infty$ のとき確率 1 で

$$\frac{N(t)}{t} \to \frac{1}{\mu} \tag{3.21}$$

となる．

つぎに，$E(N(t))/t$ の $t \to \infty$ での振舞いを調べてみよう．この場合の議論は上記ほど簡単ではないので結果だけを述べることにする．$E(N(t))$ を再生関数という．$E(N(t))$ は時間間隔 $[0,t]$ における平均到着数である．

$$\mu = E(X_n) < \infty \tag{3.22}$$

であれば，$E(N(t))$ はすべての $t > 0$ に対して有界となることが知られている．

さて，すべての n について $X_n < \infty$ となるとき再生過程は再帰的であるといい，そうでないとき一時的であるといわれる．このとき，つぎの定理が成り立つ．

定理 3.3 (再生定理)

$\{t_n\}$ が再帰的な再生過程であれば

$$\lim_{t \to \infty} \frac{E(N(t))}{t} = \frac{1}{\mu} \tag{3.23}$$

となる。$\{t_n\}$ が一時的な再生過程であれば

$$E(N(\infty)) < \infty \tag{3.24}$$

となる。

再生定理は $t \to \infty$ のとき，単位時間当りの事象の起きる平均回数が，1/(事象間の平均生起間隔) となるという自然な結果である。

3.1.4 余命の平均

いま，再生過程をある時点 t で観測したとしよう。このとき

$$t_{N(t)} \leq t < t_{N(t)+1} \tag{3.25}$$

が成り立つ。したがって，その観測時点 t からつぎの事象が生起するまでの時間 $A(t)$ は

$$A(t) = t_{N(t)+1} - t \tag{3.26}$$

で与えられる。$A(t)$ は前方再帰時間または余命と呼ばれる。

例を挙げよう。t_n をあるバス停にバスが到着する時点を表す確率変数としよう。このとき，$A(t)$ は時刻 t にバス停に着いた客のバスを待つ時間となる。

また，つぎのような例も考えられる。電気スタンドの電球の寿命が独立で同じ分布に従うものとする。このとき，一つの電球が切れたら，ただちにつぎの電球をつけるようなプロセスを考える。t_n を電球の切れる時刻を表す確率変数

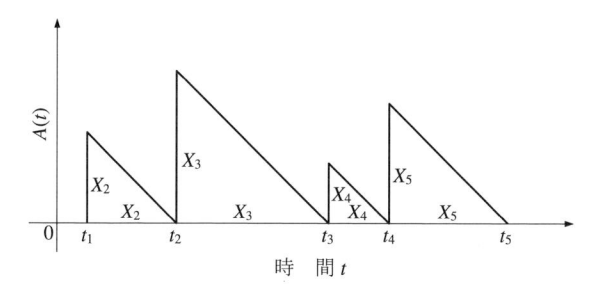

図 **3.2** $A(t)$ のサンプルパス

とする．すると，$A(t)$ は時刻 t においてこのスタンドの電球が切れるまでの残り時間である．

$A(t)$ のサンプルパスの一例を図 **3.2** に示した．

このとき，つぎの定理が成り立つ．

定理 3.4
$$\lim_{t\to\infty} \frac{1}{t}\int_0^t A(s)\,ds = \frac{E(X^2)}{2E(X)}, \quad (\text{確率 1 で}) \qquad (3.27)$$

<u>証明</u> 図 **3.2** から $A(t)$ と t 軸で作られる三角形群の各三角形は $X_j^2/2$ の面積をもつ．よって

$$\frac{1}{t}\int_0^t A(s)ds \approx \frac{N(t)}{t}\frac{1}{N(t)}\sum_{j=1}^{N(t)}\frac{X_j^2}{2}$$
$$\to \frac{1}{\mu}\frac{E(X^2)}{2} = \frac{E(X^2)}{2E(X)}, \quad (t\to\infty) \qquad (3.28)$$

となることがわかる． ♠

余命の計算例として，電車の平均待ち時間について議論しよう．電車に乗るとき，ホームに到着した客が電車を待つ時間の平均値について考える．まず，一定分布のときを考える．10 分間に 2 本の割合で電車が来るダイヤが組まれているとする．このとき，図 **3.3** のように，つぎの二つのパターンのダイヤを考える．

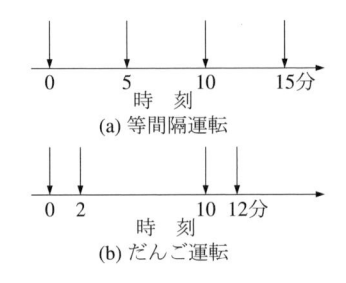

図 **3.3** 電車の二つのパターンのダイヤ
(たて矢印のある時刻に電車が来る)

(a) 図 **3.3**(a) のように，5 分間隔の等間隔で電車が来る場合
(b) 図 **3.3**(b) のように，10 分間ごとに 0 分目と 2 分目に電車が来るパターンの繰り返し

ホームに客が到着したとき，上の二つのケースでどちらが平均待ち時間が長くなるか考えてみよう．図 **3.3**(a) の場合は，明らかに平均待ち時間は 2.5 分である．図 **3.3**(b) の場合は，繰り返しパターンの中の各 10 分間の中で，0 分目から 2 分目までに来る客は平均 1 分の待ち時間となり，2 分過ぎから 10 分目までの間に来る客は平均 4 分の待ち時間となる．10 分間のパターンの中で，客が 0 から 2 分までの時間間隔に到着するか，2 分過ぎから 10 分までの時間間隔に到着するかは，客の到着が一様であるとすれば，10 分間の中に，前者と後者の時間間隔の占める割合となるので，それぞれ，2/10, 8/10 の確率となる．よって，確率 1/5 で待ち時間が 1 分，確率 4/5 で待ち時間が 4 分であるから，全体として待ち時間の平均は

$$\frac{1}{5} \times 1 + \frac{4}{5} \times 4 = \frac{17}{5} = 3.4 \tag{3.29}$$

となる．よって，だんご運転のほうが平均待ち時間が長い．

さて，電車のダイヤと違って，バスの運転は道路の混雑状態の影響を受けるため，よりランダムに近い運転となる．では，バスの運転を到着間隔が平均 5 分の指数分布でモデル化できるとすると，バス停に来た客の平均待ち時間はいくらになるか計算してみよう．

バスの待ち時間の平均は，余命の平均値を計算することであるから

$$W = \frac{E(T^2)}{2E(T)} \tag{3.30}$$

となる．指数分布の場合，$E(T^2) = 2E(T)^2$，$E(T) = 5$ であるので $W = 5$ 分を得る．こうして，だんご運転より，さらに，指数分布に従うでたらめな運転 (道路の混雑によるのでこう呼ぶのは申しわけないが) のほうが，10 分間に 2 本の割合でバスが運転されていても，平均待ち時間が大幅に長く，等間隔運転の 2 倍となることがわかった．

一般に，式 (3.30) からバスの平均待ち時間 W は，同じ平均時間間隔で運転される場合には，分散が大きくなればなるほど，長くなることを示している。

3.1.5 再生–報酬定理

タクシーが単位時間当りにどのくらい収入があるかという問題を例にして，再生–報酬定理という広い応用のある結果を導き，前項までに導いた結果が別の角度から自然に導かれることを示そう。あるタクシーは時刻 t_n, $(n = 1, 2, \cdots)$ に客を降ろしたとしよう。t_n は再生過程で $t_0 = 0$ として，$X_n = t_n - t_{n-1}$ が i.i.d.(independently and identically distributed の略。X_n がたがいに独立で，同じ分布に従うこと) となっているものとしよう。タクシーは n 番目の客から料金として R_n 円もらうものとする。R_n は X_n に依存するが，X_j, R_j $(j \neq n)$ には依存しないとき (X_n, R_n) を i.i.d. であるということにしよう。ここで，$N(t)$ を再生過程の計数過程として

$$R(t) = \sum_{n=1}^{N(t)} R_n \tag{3.31}$$

を考える。目標は $R(t)$ の長時間平均

$$\lim_{t \to \infty} \frac{R(t)}{t} \tag{3.32}$$

を計算することである。式 (3.32) を

$$\frac{R(t)}{t} = \frac{N(t)}{t} \frac{R(t)}{N(t)} \tag{3.33}$$

と変形する。ここで，$t \to \infty$ で初等再生定理から $N(t)/t \to 1/E(X)$ となることと，大数の強法則から

$$\frac{R(t)}{N(t)} \to E(R), \ (t \to \infty \text{ のとき確率 } 1 \text{ で}) \tag{3.34}$$

となることに注意する。このことより

$$\lim_{t \to \infty} \frac{R(t)}{t} = \frac{E(R)}{E(X)}, \quad (\text{確率 } 1 \text{ で}) \tag{3.35}$$

を得る。この結果は，単位時間当りのタクシーの収入の時間平均値は，1 人の客から得る料金の平均値を，客を降ろしてからつぎの客を降ろすまでの時間

の平均値で割ったものになるというきわめて自然な結果となることを示している。

R_j は X_j の間に得た報酬の総量であればよいことに注意して，以上の結果を一般的な定理の形で述べておくとつぎのようになる。

定理 3.5 (再生–報酬定理)

再帰的な再生過程で，期間 X_n の間に報酬 $R_n \geq 0$ を得るとする。ただし，(X_n, R_n) は上に述べた意味で i.i.d. で，$E(R_n) < \infty$ とする。このとき

$$\frac{R(t)}{t} \to \frac{E(R_n)}{E(X_n)}, \quad (t \to \infty \text{ のとき確率 1 で}) \tag{3.36}$$

となる。

再生–報酬定理の応用として，余命の平均を計算してみよう。この場合 $A(t) = t_{N(t)+1} - t$ として

$$R(t) = \int_0^t A(s)\,ds \tag{3.37}$$

である。よって

$$R_n = \int_{t_{n-1}}^{t_n} A(s)\,ds = \frac{X_n^2}{2} \tag{3.38}$$

となる。こうして，再生–報酬の**定理 3.5**から余命の時間平均が

$$E(R) = \frac{E(X^2)}{2E(X)} \tag{3.39}$$

となることが再び導かれる。

3.2 リトルの公式

リトル (Little, J. D. C.) は A proof for the queueing formula $L = \lambda W$, Operations Research, **9**, pp. 383-387, (1961) という論文で，リトルの公式と呼ばれるようになる，広く待ち行列システムに成り立つ，基本的な公式の証明

を与えた。その後，リトルの公式の証明は，よりわかりやすく書き換えられていった。ここでは，本章で再生定理を導くのに用いた手法と同様にして，リトルの公式を図的に証明する。

3.2.1 リトルの公式とその図的な証明

リトルの公式を導くために，具体的な例を考えることにする。すなわち，再び，3.1.1項の銀行の例に戻ろう。まず，簡単に記号を復習する。

時刻 0 に開店した銀行に客がつぎつぎに到着するものとする。銀行に n 番目の客が到着する時刻を t_n とし

$$0 < t_1 < t_2 < \cdots \tag{3.40}$$

とする。確率変数 $X_n = t_n - t_{n-1}, (n = 1, 2, \cdots)$ とする。以下，n 番目に到着する客を C_n と表し，時刻 t_n に到着した客 C_n がシステムに滞在する時間を $W_n \geqq 0$ とする。$0 \leqq t < \infty$ とする。$N(t)$ を時間間隔 $(0, t]$ の間に到着した客の数とする。すなわち

$$0 < t_n \leqq t \tag{3.41}$$

となる t_n の数とする (ここまでが記号の復習)。

この銀行から出て行く客の点過程を $\{s_n\}_{n=0}^{\infty}$，計数過程を $N^d(t)$ とする。$N^d(t)$ は $(0, t]$ の間に出て行った客の数で，$s_n \leqq t$ となる $s_n > 0$ の数である。

$$N^d(t) \leqq N(t), \quad (0 < t) \tag{3.42}$$

が成り立つことは明らかである。

$$L(t) = N(t) - N^d(t) \tag{3.43}$$

と定義する。このとき式 (3.42) より $L(t) \geqq 0$ となる。

ここで，つぎの量を定義する。

$$\lambda = \lim_{t \to \infty} \frac{N(t)}{t} \tag{3.44}$$

$$W = \lim_{n \to \infty} \frac{1}{n} \sum_{i=1}^{n} W_i \tag{3.45}$$

3.2 リトルの公式

$$L = \lim_{t \to \infty} \frac{1}{t} \int_0^t L(s)\,ds \tag{3.46}$$

ここに，λ は銀行に入ってくる客の平均到着率で，W は客の銀行での平均滞在時間，L は銀行内にいる客の時間平均数である。

このとき，つぎのリトルの公式が成り立つ。

定理 3.6 (リトルの公式)

λ と W が存在するとき L が存在し

$$L = \lambda W \tag{3.47}$$

が成り立つ。

証明 この定理の図的な証明を与えよう。

$$\int_0^t L(s)ds \tag{3.48}$$

は，図 **3.4** の区間 $(0, t]$ の間の $N(t)$ のグラフと $N^d(t)$ のグラフで囲まれたで図形の面積 (図の斜線部分の面積) であり，時刻 t までに入った客の時刻 t までの総滞在時間である。

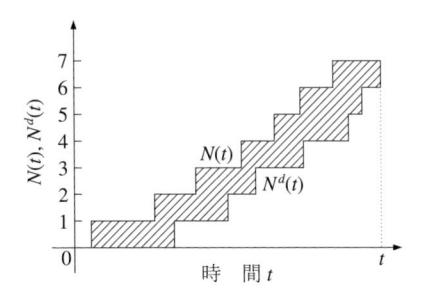

図 **3.4** リトルの公式の証明の図

このことから，明らかに

$$\sum_{j=1}^{N^d(t)} W_j \leq \int_0^t L(s)\,ds \leq \sum_{j=1}^{N(t)} W_j \tag{3.49}$$

が成り立つ。式 (3.49) の両辺を t で割ると

$$\frac{1}{t}\sum_{j=1}^{N^d(t)} W_j \leq \frac{1}{t}\int_0^t L(s)\,ds \leq \frac{1}{t}\sum_{j=1}^{N(t)} W_j \qquad (3.50)$$

を得る．ここで，$t \to \infty$ としてみる．式 (3.50) の最右辺は定理の仮定から

$$\frac{1}{t}\sum_{j=1}^{N(t)} W_j = \frac{N(t)}{t}\frac{1}{N(t)}\sum_{j=1}^{N(t)} W_j \to \lambda W, \quad (t \to \infty) \qquad (3.51)$$

となる．一方，定理の仮定のもとで

$$\lim_{t \to \infty} \frac{N^d(t)}{t} = \lambda \qquad (3.52)$$

となることも示せる (直感的にはほぼ明らかなので証明を略す)．これは，定理の仮定のもとでは客の平均出発率も存在して，客の平均到着率に一致することを表している．よって，式 (3.50) の最左辺も同様に

$$\frac{1}{t}\sum_{j=1}^{N^d(t)} W_j = \frac{N^d(t)}{t}\frac{1}{N^d(t)}\sum_{j=1}^{N^d(t)} W_j \to \lambda W, \quad (t \to \infty) \qquad (3.53)$$

となる．よって，$t \to \infty$ のとき，最左辺と最右辺が同じ値 λW に収束するので，それを上下限とする $\int_0^t L(s)ds/t$ も同じ値に収束することがわかる．すなわち，リトルの公式

$$L = \lambda W \qquad (3.54)$$

が成り立つことがわかる．
♠

なお，以上では銀行の例を挙げてリトルの公式を説明したが，銀行を一般の待ち行列システムと言い換えても，以上のように，客が入ってきて，サービスを受けていずれ出て行くシステムであれば，リトルの公式が成り立つことは明らかであろう．このようにリトルの公式は，広い範囲の待ち行列システムで成り立つことが知られている基本的な公式である．

リトルの公式の右辺に現れる量 λW は，1 人の客が銀行内にいる平均的な時間内に何人の客が到着するかを表しており，これが左辺の銀行内の平均的な客の数 L に一致することを表している．

3.2.2　$H = \lambda G$

つぎに，ある井戸のない村を考える．この村には貯水槽があって，これに遠くの川から皆で水を汲んでくるような場面を考えよう．時刻 0 から水汲みを開始するものとする．川から水を汲んできた人 C_n，$(n = 1, 2, \cdots)$ はそれぞれ

汲んできた水を貯水槽に流し入れるものとする。流し入れる水の量は時間間隔 $(t, t+\Delta t]$ の間に $g_n(t)\Delta t$ であるとする。すなわち，水を汲んできた人 C_n は時刻 t_n に貯水槽に到着し，$t \in (t_n, t_n + l_n]$ の間 $g_n(t)$ という率で水を貯水槽に流し入れるものとする。$\{t_n\}_{n=0}^{\infty}$ は式 (3.1) を満たす点過程となるものとする。運び手が $(0, t]$ の間に何人到着したかを $N(t)$ で表す。すなわち，運び手の到着に関する計数過程が $N(t)$ である。運び手の平均到着率は

$$\lambda = \lim_{t \to \infty} \frac{N(t)}{t} \tag{3.55}$$

と定義される。水の運び手 C_n が運んだ水の総量は

$$G_n = \int_{t_n}^{t_n + l_n} g_n(s)\,ds \tag{3.56}$$

となる。G_n の平均は

$$G = \lim_{n \to \infty} \frac{1}{n} \sum_{i=1}^{n} G_i \tag{3.57}$$

で与えられる。

いろいろな人が水を運んできては (時には同時に何人もが) 水を貯水槽に流し入れるので，時刻 $t \geq 0$ で貯水槽に水が流し入れられる量は

$$H(t) = \sum_{n=1}^{\infty} g_n(t) \tag{3.58}$$

となる。$H(t)$ の時間平均は

$$H = \lim_{t \to \infty} \frac{1}{t} \int_0^t H(s)\,ds \tag{3.59}$$

と計算される。

このとき，リトルの公式の拡張としてつぎの定理が成り立つ。

定理 3.7

極限 λ と G が存在して，$l_n/n \to 0$, $(n \to \infty)$ ならば，H が存在して，$H = \lambda G$ が成り立つ。

これは，水が単位時間当りに貯水槽に貯められる平均値 H は，1人の運び手が平均どれだけの水を運んできて貯水槽に入れるかという G と，運び手の平均到着率 λ の積になるということを示している．証明はリトルの公式とほぼ同様なので省略する．

3.2.3　$H = \lambda G$ からリトルの公式を導く

$H = \lambda G$ の公式はリトルの公式の一般化になっていることを，この公式からリトルの公式が導かれることを示すことによってみてみよう．

まず，$l_n = W_n$ とする．また

$$g_n(t) = \begin{cases} 1 & (t_n \leq t < t_n + W_n \text{ のとき}) \\ 0 & (\text{それ以外のとき}) \end{cases} \tag{3.60}$$

とする．このとき

$$G_n = \int_{t_n}^{t_n + W_n} g_n(s)\,ds = W_n \tag{3.61}$$

となる．さらに

$$H(t) = \sum_{n=1}^{\infty} g_n(t) = L(t) \tag{3.62}$$

となることもわかる．以上から，$G = W$，$H = L$ となる．W が存在して有限のときは $W_n/n \to 0$ が示せるので**定理 3.7** の条件が満たされることがわかる．この場合，$H = L$, $G = W$ であるから，リトルの公式

$$L = \lambda W \tag{3.63}$$

が導かれた．

演 習 問 題

1. 再生過程をある時点 t で観測したとしよう．このとき

    $$t_{N(t)} \leq t < t_{N(t)+1}$$

   が成り立つ．

    $$B(t) = t - t_{N(t)}$$

とすると，$B(t)$ は後方再帰時間または年齢と呼ばれる．このときつぎの式が成り立つことを証明せよ．
$$\lim_{t \to \infty} \frac{1}{t} \int_0^t B(s)\,ds = \frac{E(X^2)}{2E(X)}, \quad (\text{確率 1 で})$$

2. ある高速バスが，100 km 離れた二つの都市の間を走行するものとする．ただし，この二つの都市は，高速道路で結ばれ，高速バスはこの高速道路を走行するものとする．このバスはある都市から他の都市に着くと，ただちに折り返して元の都市に向かって走行し，繰り返しこの 2 都市間を走行するものとする．また，このバスが渋滞にあう確率と，渋滞にあわない確率は等しいとし，バスの平均時速を，渋滞のとき 50 km/h で，渋滞でないとき，100 km/h であるとする．では，このバスの平均時速はいくらか．

4 マルコフ連鎖

マルコフは詩にも興味を持ち詩のスタイルについての研究もした。
奇しくもコルモゴロフもまた同じ興味を持っていた。
(O'Connor, J. J. and Robertson, E. F.)

本章のねらい 将来の状態が過去の履歴によらず，現在の状態によってのみ決まるとき，その確率過程はマルコフ過程であるという．取りうる状態が有限個または可算無限個のときにはマルコフ過程はマルコフ連鎖といわれる．本章では離散時間型のマルコフ連鎖ならびに連続時間型のマルコフ連鎖について学習する．マルコフ連鎖は待ち行列理論において重要な役割を果たす．

4.1 離散時間型マルコフ連鎖

マルコフ連鎖の理論は待ち行列理論の中でも重要な応用をもつ．ここでは，マルコフ連鎖の理論を学習する．さらに，定常確率分布の数値解析法を学ぶ．これは待ち行列のシミュレーションに重要な役割を果たす．

4.1.1 遷移確率

〔1〕**離散時間型マルコフ連鎖とは** $E = \{0, 1, 2, \cdots, N\}$ を状態の集合とする．時間が $n = 0, 1, 2, \cdots$ のように離散的に与えられているとしよう．E に値を取る確率変数 X_n を考える．$X = \{X_n, n = 0, 1, 2, \cdots\}$ は離散時間型の確率過程となる．

4.1 離散時間型マルコフ連鎖

定義 4.1 (離散時間型マルコフ連鎖)

すべての $j \in E$ と $n = 0, 1, 2, \cdots$ について

$$P(X_{n+1} = j | X_0 = i_0, X_1 = i_1, \cdots, X_{n-1} = i_{n-1}, X_n = i_n)$$
$$= P(X_{n+1} = j | X_n = i_n) \qquad (4.1)$$

となるとき，X は離散時間型のマルコフ連鎖と呼ばれる．

すなわち，$X_{n+1} = j$ となる確率は，$X_0 = i_0, X_1 = i_1, \cdots, X_{n-1} = i_{n-1}, X_n = i_n$ というすべての過去の履歴によって決まるのではなく，単に直前に $X_n = i_n$ であったという履歴のみによって決まるとき，マルコフ過程であるといわれる．これは，マルコフ過程が過去の複雑な経緯によらないで，直近の過去の値のみに依存していることを表しており，マルコフ過程の確率的な解析を容易にする．また，現実のモデルとしては，このような仮定が成り立つと考えてよい場合も多い．したがって，待ち行列の解析でもマルコフモデルを適用できる場面が多い．

〔**2**〕**時間定常性** 以下，しばらく X を離散時間型のマルコフ連鎖として話をすすめる．

定義 4.2

$$P(X_{n+1} = j | X_n = i) \qquad (4.2)$$

が n によらないとき，X は時間的に定常あるいは単に定常であるという．

すなわち

$$P(X_{n+k+1} = j | X_{n+k} = i) = P(X_{n+1} = j | X_n = i) \qquad (4.3)$$

が，任意の i, j, k について成り立つとき，定常であるという．

〔**3**〕**チャップマン–コルモゴロフの方程式** 以下，定常な場合のみを扱う．

$$p_{ij} = P(X_{n+1} = j | X_n = i) \tag{4.4}$$

とおく.第 i 行 j 列成分が p_{ij} で与えられる行列を P と書く.

$$P = (p_{ij}) \tag{4.5}$$

この行列 P は遷移確率行列と呼ばれる.ここで,n ステップ遷移確率行列 $P(n)$ を

$$p_{ij}(n) = P(X_n = j | X_0 = i) \tag{4.6}$$

で表し,これを i 行 j 列要素とする行列として定義する.マルコフ性より,つぎの定理が成り立つ.

定理 **4.1**

$$P(n+m) = P(m) P(n) \tag{4.7}$$

が任意の $m, n = 0, 1, 2, \cdots$ について成り立つ.

証明は章末の演習問題の解答を参照されたい.式 (4.7) をチャップマン–コルモゴロフ (Chapman–Kolmogorov) の方程式という.式 (4.7) から $n = 0, 1, 2, \cdots$ について

$$P(n) = P^n \tag{4.8}$$

が成り立つことがわかる.実際に次式より導かれる.

$$P(n) = P(n-1) P = P(n-2) P^2 = P(n-3) P^3 = \cdots = P^n \tag{4.9}$$

4.1.2 マルコフ連鎖のグラフ

E を節点とし,$p_{ij} \neq 0$ のとき,節点 i から j への有向枝 (向きを i から j へつける) があるとする.有向グラフをマルコフ連鎖のグラフという.有向枝は (i, j) のように表せるので,有向枝の集合を F として,マルコフ連鎖のグラフ G を $G = (E, F)$ と表すことにする.グラフ G は,また図的にも表現できる.

4.1 離散時間型マルコフ連鎖

例えば，遷移確率行列 P が

$$P = \begin{pmatrix} 0.3 & 0 & 0.7 \\ 0 & 0.6 & 0.4 \\ 0.1 & 0.7 & 0.2 \end{pmatrix} \tag{4.10}$$

と与えられていたとしよう．このマルコフ連鎖のグラフは図 **4.1** のようになる．

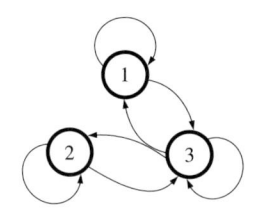

図 4.1 マルコフ連鎖のグラフ

マルコフ連鎖のグラフにおいて節点 i から節点 j へ有向枝をたどって到達し得るとき，状態 i から状態 j へは遷移する確率ある．このとき状態 i から状態 j へ到達可能といい，$i \to j$ と書く．また，$i \to i$ であるとする．$i \to j$ かつ $j \to i$ であるとき，i と j は相互到達可能といい，$i \leftrightarrow j$ と書く．つぎの関係が成り立つことは明らかであろう．

1. $i \leftrightarrow i$
2. $i \leftrightarrow j$ ならば $j \leftrightarrow i$
3. $i \leftrightarrow j$ かつ $j \leftrightarrow k$ ならば $i \leftrightarrow k$

すなわち，相互到達可能であることは同値関係を満たす．よって，この同値類によって，マルコフ連鎖の状態を組に分けることができる．各組は相互到達可能な状態の集合からなる．マルコフ連鎖の状態の集合がこの同値類によって一つの組にしか分けられないとき，そのマルコフ連鎖は既約であるという．状態 i の周期とは，$p_{ii}(n) > 0$ となる $n = 1, 2, \cdots$ の最大公約数をいう．同じ組の状態は同じ周期をもつので，組に対しても周期を定義することができる．すなわち，その組の周期とは，組に属する状態の周期のこととする．周期が 1 の状態を非周期的といい，周期が 2 以上の状態を周期的という．

4.1.3 再帰性

離散時間型マルコフ連鎖において状態 i から状態遷移を繰り返し，初めて状態 j に到着するまでのステップ数を表す確率変数を T_{ij} とする．この T_{ij} について

$$f_{ij}(n) = P(T_{ij} = n) \tag{4.11}$$

とする．$f_{ij}(n)$ を用いると，つぎのような結果が導かれる．

1. 状態 i から出発して，状態 j へ到着する確率は

$$f_{ij} = \sum_{n=1}^{\infty} f_{ij}(n) \tag{4.12}$$

 で与えられる．$f_{ij} = P(T_{ij} < \infty)$ である．

2. 状態 i から出発して状態 j に到着する平均ステップ数は

$$E(T_{ij}) = \sum_{n=1}^{\infty} n \, f_{ij}(n) \tag{4.13}$$

 で与えられる．

以上の準備のもとに，マルコフ連鎖の再帰性について定義しよう．

1. $f_{ij} = 1$ で $E(T_{ij}) < \infty$ であるようなマルコフ連鎖を正再帰的という．
2. $f_{ij} = 1$ で $E(T_{ij})$ が発散するようなマルコフ連鎖を零再帰的という．
3. $f_{ij} < 1$ であるようなマルコフ連鎖を一時的という．

マルコフ連鎖の再帰性は組によって決まる性質である．

T_{ii} がある正の整数 $d > 1$ の整数倍にしかならないとき，状態 i は周期的であるという．周期的でない状態 i は非周期的であるという．正再帰的で周期的でない状態をエルゴード的という．すべての状態がエルゴード的なマルコフ過程をエルゴード的なマルコフ過程という．

4.2 定常分布とその数値計算法

本節では，離散的マルコフ過程の定常分布の数値計算法を学習する．そのために，数値計算ツールを利用するのが便利である．数値計算ツールとして

はMATLABがたいへん有用である。これは商用のソフトウェアであるので，ここでは，MATLABにほぼ互換なScilabというフリーの数値計算ツールを利用することを考える。コマンドはMATLABとScilabでほぼ同じなので，MATLABを利用してもよい。

4.2.1 待ち行列計算のための数値計算ツール

待ち行列理論においては，さまざまな数値計算表が用いられてきた。これは，数値計算するのが高価な時代のなごりである。現代では，表を引かなくても，数値計算によって，表やグラフを簡単に作成できる。まず手始めに，従前は数値計算表となっていたものを，数値計算によって求めることを考えよう。現在では，非常に高機能な数値計算のライブラリを非常に使いやすいインタプリタの環境から呼び出して使う数値計算ツールが非常に発達している。ここでは，その中でScilabを使う方法を説明しよう。

〔**1**〕 **数値計算ツールScilab**　ScilabはフランスのInriaという研究所が開発した数値計算用言語で，システム制御と信号処理への応用を含む広い範囲の数値計算用言語となることを目的として作られている。

したがって，Scilabには制御用のデータ型として多項式や有理関数(多項式の比で表される関数)がある。

Scilabの目標としては

1. 自然で使いやすい文法とデータ型をもつこと。
2. 良く現れる数値計算の問題を解くための関数を標準で装備しておく。
3. 標準の関数では解けない問題を解くために，新しい関数を導入できるようにプログラミング環境を整えておく。また，CやFORTRANの関数から新しい関数を定義できるようにする。

のような事項が挙げられている。

現在のところ，Scilabの最新版はScilab2-7である。ScilabにはLinux版，Windows版，Mac版があり，いずれもINRIAからプログラムを手に入れ，インストールする。

Scilab のホームページは

    http://www-rocq.inria.fr/scilab//

Scilab をインストールしたとしよう。Scilab が起動するとコマンド入力画面が開く。このコマンド入力画面には

    -->

とプロンプトが表示される。ここから Scilab のコマンドを入力して数値計算を開始する。コマンド入力画面のヘルプボタンを押すことによって，Scilab のヘルプ画面を呼び出すことができる。Scilab の終了はつぎのようにする。

    --> exit

〔2〕**Scilab の基本機能**　まず，行列方程式の解法を例題により学習する。行列方程式

$$\begin{pmatrix} 2 & 3 \\ 5 & 6 \end{pmatrix} \begin{pmatrix} x_1 \\ x_2 \end{pmatrix} = \begin{pmatrix} 3 \\ 5 \end{pmatrix} \tag{4.14}$$

を解いてみよう。

    --> a=[2 3;5 6]

と入力すると，係数行列が入力される。コマンドの最後に ; をつけると，実行結果が表示されない。この場合は ; をつけていないので

    a =
      2 3
      5 6

と入力結果が表示される。この例からわかるように，行列の行の区切りは ; で与える。また，行列の要素と要素 (列と列) の区切りは，スペース (空白) またはコンマで与える。数値は倍精度浮動小数点数として入力される。C 言語のように，2. と記述しなくてもよい。

    --> b=[3;5];

これで，係数行列とベクトルが入力されたので，あとはソフトウェアに解かせるだけである。

```
--> a\b
```
とすると解が計算されて，つぎのように出力される．

```
ans  =
  - 1.0000
    1.6667
```

こうして一つの例題が解けた．

もう少し大きなつぎの問題を解いてみよう．
$$\begin{pmatrix} -1 & 2 & 3 \\ 4 & -5 & 6 \\ 7 & 8 & -9 \end{pmatrix} \begin{pmatrix} x_1 \\ x_2 \\ x_3 \end{pmatrix} = \begin{pmatrix} 1 \\ 1 \\ 1 \end{pmatrix} \tag{4.15}$$
まず，つぎのように入力する．

```
--> a=[-1 2 3;4 -5 6;7 8 -9];
--> b=[1;1;1];
--> a\b
```

すると，つぎのように出力される．

```
ans =
   0.183333
   0.233333
   0.238889
```

こうして，3×3 行列を係数行列にもつ行列方程式も同様に解けることがわかった．

もっと高い次元の行列方程式を解くこともできる．例えば，ソフトウェアを立ち上げて，つぎのように入力する．

```
--> a=rand(5,5);
--> b=rand(5,1);
--> a\b
```

rand(5,5) は，5×5 のランダム行列を作成せよという命令で，rand(5,1) は 5 次元ランダムベクトルを作成せよという命令である．したがって，以上はラン

ダムに5次元行列方程式を作り，それを解けという命令である．これを実行するとランダムに選んだ行列方程式の解が表示される．

〔**3**〕**Scilab を使ったグラフの書き方**　Scilab を利用してグラフを書くことを考える．Scilab での作図の基本は plot 関数を利用することである．x,y を二つのベクトルで同じ次元をもつとする．このとき

```
-->plot(x,y)
```

とすると，横軸が x で縦軸が y のグラフが描かれる．x 軸の標本点を与えるベクトル x を生成するにはつぎの命令を使うのがよい．

```
-->x=[0:0.01:3.2]
```

こうすると，0 から 3.2 まで，0.01 刻みずつ変化していく成分をもつベクトルが x となる．すなわち

```
-->x=[0 0.01 0.02 ..... 3.19 3.20]
```

と入力したときと同じベクトルが生成される．ただし，..... は実際には 0.03 0.04 … と入力することを意味する．例えば，保留時間分布を表すグラフを描くためには

```
-->x=[0:0.01:3.2]
-->plot(x,exp(-x))
```

とすればよい．このとき図 **4.2** が描かれる．ただし，実際には

```
-->plot(x,exp(-x),'time',"exp(-t)")
```

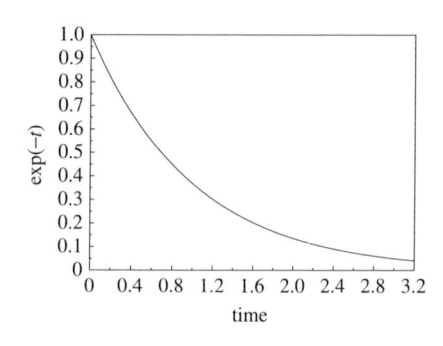

図 **4.2**　保留時間分布

という命令を用いている。time という文字列は x 軸の名前，exp($-t$) という文字列は y 軸の名前となる。この二つの文字列は省略することができる。これは指数分布に従う保留時間分布

$$H(t) = P(保留時間 > t) = e^{-t/h} \tag{4.16}$$

のグラフ ($h = 1$ の場合) である。

もう少し複雑なグラフを描いてみよう。ポアソン分布のグラフ，2 章の図 **2.1** を描くことを考えよう。まず，ポアソン分布

$$P_k(t) = \frac{(\lambda t)^k}{k!} e^{-\lambda t}, \quad (k = 0, 1, 2, \cdots) \tag{4.17}$$

を計算するための関数を定義する方法を示そう。エディタでつぎの内容のファイル poisson.sci をつくる。

```
function [p]=poisson(l,n)
  p=zeros(n+1,1);
  p(1)=exp(-l);
  for i=1:n,
    p(i+1)=l*p(i)/i;
  end;
```

このファイルが Scilab のパスの通っているフォルダにあるものとして Scilab に呼び出す。

```
--> getf('poisson.sci')
```

その後，つぎのようにすると，図 **2.1** が描かれる。

```
-->p1=poisson(1,10);
-->p2=poisson(2,10);
-->p3=poisson(3,10);
-->n=0:1:10
 n =
!  0.   1.   2.   3.   4.   5.   6.   7.
   8.   9.   10. !
-->plot2d([n' n' n'],[p1 p2 p3])
```

〔**4**〕 T_EX 文書の中へのグラフの取り込み　さて，以上のように Scilab にグラフを書かせることは簡単であるが，これを文書の形に残すためのリテラ

シーを簡単にメモしておこう。Scilab でグラフを描かせたのち，ScilabGraph の中の File メニューを開く。この中に Export があるので，これを選択する。Export Type を Postscipt-Latex に選び OK とすると，保存するデイレクトリとファイル名を聞かれるので，例えば exp2.eps というファイル名にして適当なフォルダ (ディレクトリ) に保存する。($\text{\LaTeX}\,2_\varepsilon$の) ファイルでは

```
\documentclass{jbook}
\usepackage{graphicx}
```

とスタイルファイルとして graphicx.sty を利用する。図を描かせる位置で以下のように引用する。

```
\begin{figure}[htbp]
\begin{center}
  \includegraphics[keepaspectratio=true,height
                           =60mm]{exp2.eps}
\end{center}
\caption{保留時間}
\label{fig:exp2.eps}
\end{figure}
```

こうして，図が $\TeX$ ファイル中に引用できる。図を描かせるにはさまざまな方法があり，これはあくまで一つのスタイルである。

4.2.2 定常分布の数値計算

以下，簡単のために，既約で非周期的なマルコフ連鎖を考える。このマルコフ連鎖の遷移確率行列 P を考える。

状態の数が $N+1$ であるとしたので，P は $(N+1) \times (N+1)$ 行列となる。$x = (x_0, x_1, x_2, \cdots, x_N)$ を $N+1$ 次元横ベクトルとする。このとき

$$x = xP \iff x_j = \sum_{i=0}^{N} x_i\, p_{ij}, \quad (j = 0, 1, 2, \cdots, N) \tag{4.18}$$

を (大域的) 平衡方程式 ((global) balance equation) という。

4.2 定常分布とその数値計算法

$$\sum_{i=0}^{N} p_{ji} = 1 \qquad (4.19)$$

が成り立つので，式 (4.18) は

$$\sum_{i=0}^{N} x_j p_{ji} = \sum_{i=0}^{N} x_i p_{ij} \qquad (4.20)$$

と書き直すことができる。これは Flow–in=Flow–out 方程式と呼ばれる。式 (4.20) の左辺は状態 j から出て行く確率流を右辺が状態 j に入ってくる確率流を表しているからである (図 **4.3**)。

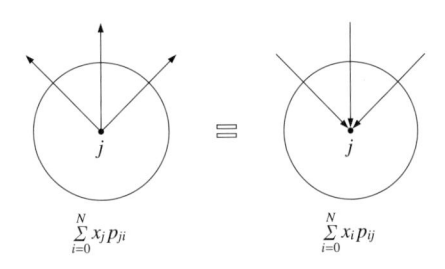

図 4.3　Flow–in=Flow–out 方程式

e をすべての要素が 1 である $N+1$ 次元縦ベクトルとする。x を $N+1$ 次元横ベクトルとする。x のすべての要素が非負で $xe = 1$ を満たすとき，x は確率ベクトルという。ここで $Q = I - P$ とする。ただし，I は $N+1$ 次元単位行列とする。そして，式 (4.18) と同等となる方程式

$$xQ = 0, \quad xe = 1 \qquad (4.21)$$

を考えよう。

定理 4.2

　式 (4.21) が正の解をもつとき，元の既約で非周期的なマルコフ連鎖は正再帰的で，極限分布は x に一致する。

この定理の証明は省略する。ここでは，式 (4.21) の解き方について議論しよう。方程式 $xQ = 0$ が解きうるためには，行列 Q が特異 (その行列式が零)

でなければならない．行列 Q が特異なときには，式 (4.21) はそのままでは普通の連立一次方程式を解く方法 (例えばガウスの消去法) を直接適用しても解くことはできない．そのため，現在に至るまで，式 (4.21) の解き方についてはさまざまな工夫がなされ，効率的な方法が提案されてきた．それらは大きく分けると，直接法と反復法となる．まず，直接法について説明する．直接法で式 (4.21) を解く方法にもいくつかの種類がある．以下，それらについて説明しよう．

〔1〕 **直接解法 (1)**　　まず，$xQ = 0$ の両辺を転置した方程式をつくる．

$$Q^T x^T = 0 \tag{4.22}$$

$\det Q^T = 0$ であるので，$Q^T x^T = 0$ の最後の行の方程式を削り，その代わり，$xe = 1$ を入れて解く方法を説明しよう．

例えば，式 (4.10) で遷移確率行列が与えられる場合を考える．以下，上記の方法を基に Scilab(または MATLAB(プロンプトが>>のときは MATLAB)) によって解いてみる．まず，遷移確率行列 P を入力し，その転置行列を S とする．

```
>> P=[0.3 0 0.7;0 0.6 0.4;0.1 0.7 0.2]
P =
   0.3000        0    0.7000
        0   0.6000    0.4000
   0.1000   0.7000    0.2000
>> S=P'
```

ただし，P' は行列 P の転置をとる命令である．つぎに，$T = I - S$ をつくる．$T = Q^T$ である．

```
>> T=eye(3,3)-S
T =
   0.7000        0   -0.1000
        0   0.4000   -0.7000
  -0.7000  -0.4000    0.8000
```

ただし，eye(3,3) は 3 行 3 列の単位行列を作る命令である (MATLAB では

eye(3) とも書けるが，Scilab では eye(3,3) と書かなければならない)．そして，Q の最後行をすべての要素が 1 の行に入れ換える．

```
>> T(3,1:3)=ones(1,3)
T =
    0.7000         0   -0.1000
         0    0.4000   -0.7000
    1.0000    1.0000    1.0000
```

ここで，T(3,1:3) は行列 T の第 3 行目の，1 から 3 列からなる行列 (いまの場合は T の第 3 行目の横ベクトル) を表す．また，ones(1,3) は，すべての要素が 1 の 1 行 3 列の行列を作ることを意味する．したがって，T(3,1:3)=ones(1,3) という命令は T の第 3 行目の横ベクトルをすべての要素が 1 の横ベクトルにするという命令となる．

そして，右辺ベクトル $b = (0, 0, 1)^T$ を入力し，できあがった連立一次方程式を解く．

```
>> b=[0;0;1];
>> x=T\b
x =
    0.0494
    0.6049
    0.3457
```

得られた解の要素はすべて正である．また，$x_1 + x_2 + x_3 = 1$ が満たされている．さらに，$p = x^T$ が $p = pP$ を満たされてしていることもつぎのように確かめられる．

```
>> p=x';
>> p-p*P
ans =
  1.0e-016 *
    0.3469         0         0
```

一方

```
>> P^20
```

```
ans =
    0.0494    0.6049    0.3457
    0.0494    0.6049    0.3457
    0.0494    0.6049    0.3457
```

である.

〔2〕 **直接解法 (2)**　既約なマルコフ連鎖については, Q^T は

$$Q^T = LU \tag{4.23}$$

と LU 分解できることが知られている. L が正則行列となり, $U = (u_{ij})$ とするとき, $u_{NN} = 0$ となるのが特徴である (U が特異行列となる). そこで

$$Q^T x^T = LU\, x^T = 0 \tag{4.24}$$

を解く. $U x^T = y$ と置く. このとき式 (4.24) は

$$Ly = 0 \tag{4.25}$$

となるが, L は正則行列となるので, その解は $y = 0$ である. そこで

$$U x^T = 0 \tag{4.26}$$

を解く. $u_{NN} = 0$ であるので, $x_N = c$ と置く. ただし, c はあとに決める定数である. ここで, U の最後の行と列を除いた対角行列を S とし, U の最後の行から最後の要素を除いた縦ベクトルを h とし, z を N 次元縦ベクトルとして

$$Sz = -h \tag{4.27}$$

を解く. このとき

$$x = \frac{(z_0, z_1, \cdots, z_{N-1}, 1)^T}{z_0 + z_1 + \cdots + z_{N-1} + 1} \tag{4.28}$$

が式 (4.21) の解となる.

例として, やはり, 式 (4.10) で遷移確率行列が与えられる場合を考える. 以下, 上記の方法を基に Scilab によって解いてみる. $T = Q^T$ とする. まず, T を LU 分解する.

```
>> [L U]=lu(T)
```

4.2 定常分布とその数値計算法

```
L =
     1     0     0
     0     1     0
    -1    -1     1
U =
    0.7000         0   -0.1000
         0    0.4000   -0.7000
         0         0    0.0000
```

ただし，[L U]=lu(T) は，行列 T の LU 分解を計算して，その結果を二つの行列 L と U に出力せよという命令である。

このように，L の対角要素はすべて 1 であり，L が正則行列であることがわかる。また，$u_{33} = 0$ である。つぎに，U の最後の行と列を取り除いた行列 S と $b = -h$ を計算する。

```
>> S=U(1:2,1:2)
S =
    0.7000         0
         0    0.4000
>> b=-U(1:2,3)
b =
    0.1000
    0.7000
```

そして，$Sy = b$ を解く。

```
>> y=S\b
y =
    0.1429
    1.7500
```

あとは，y に成分 1 を加えて，z に拡張し，z を規格化して解 x を得る。

```
>> z=[y;1]
z =
    0.1429
    1.7500
    1.0000
>> it=z(1)+z(2)+z(3)
```

```
it =
    2.8929
>> x=z/it
x =
    0.0494
    0.6049
    0.3457
```

〔3〕 反復解法　続いて

$$Q^T y = 0 \qquad (4.29)$$

の反復解法を示す．ただし，$y = x^T$ を $N+1$ 次元縦ベクトルとする．

$$Q^T = D - E - F \qquad (4.30)$$

と分解する．ただし，D は Q^T の対角成分からなる対角行列，E は Q^T の狭義下三角行列部分 (対角成分は含まない)，F は Q^T の狭義上三角行列部分 (対角成分は含まない) とする．このとき式 (4.29) を

$$(D-E)y^{k+1} = F y^k \qquad (4.31)$$

と反復解法で解く．得られる，y^k は規格化されていないので，規格化する必要がある．以上の解法をガウス–ザイデル法という．

例として，やはり，式 (4.10) で遷移確率行列が与えられる場合を考える．以下，上記の方法を基に Scilab によって解いてみる．$T = Q^T$ とする．まず，T の狭義上三角部分 $-F$ を取り出す．

```
-->F=-triu(T,1)
 F  =
!  0.    0.    .1 !
!  0.    0.    .7 !
!  0.    0.    0. !
```

ここで，命令 `triu(T,1)` は，行列 T の狭義上三角部分はそのままとし，他はゼロとする行列を作る命令である．第 2 変数 (この場合 1) を省略したり，0 か負にすると，対角成分もそのままの値に保存される．つぎに，$D-E$ を取り出す．

```
-->DE=tril(T)
 DE  =
!   .7      0.      0.  !
!   0.      .4      0.  !
! - .7    - .4      .8  !
```

ここで，命令 tril(T) は，行列 T の下三角部分はそのままとし，他はゼロとする行列を作る命令である。

ここで，適当な初期ベクトルを入力する。

```
--> x=[1;1;1];
```

そして，反復解法を適用する。

```
--> x=DE\(F*x)
 x  =
!   .1428571 !
!   1.75     !
!   1.       !
```

実際にはこれを繰り返すが，この例の場合は 1 回で収束する。そこで，規格化をする。

```
-->x=x/sum(x)
 x  =
!   .0493827 !
!   .6049383 !
!   .3456790 !
```

ただし，sum(x) はベクトル x のすべての成分の和を取る命令である。

4.3 連続時間マルコフ過程

連続時間確率過程 X_t を考える。連続時間であるということは，t が実数 (のある区間) を取り得ることと，状態の遷移が実数の時刻 t で行われることを意味する。

4. マルコフ連鎖

定義 4.3 (連続時間マルコフ過程)

X_t が連続時間マルコフ過程であるとは，任意の $0 \leq s_0 < s_1 < \cdots < s_n < s$ と可能な状態 $i_0, i_1, \cdots, i_n, i, j$ に対して

$$P(X_{t+s} = j | X_s = i, X_{s_n} = i_n, \cdots, X_{s_0} = i_0) = P(X_t = j | X_0 = i)$$

が成り立つことをいう．

ここで，遷移確率を式 (4.32) によって定義する．

$$p_t(i,j) = P(X_t = j | X_0 = i) \tag{4.32}$$

定理 4.3

遷移確率はつぎのチャップマン–コルモゴロフの方程式を満たす．

$$\sum_k p_s(i,k) p_t(k,j) = p_{s+t}(i,j) \tag{4.33}$$

証明 まず，式 (4.34) が成り立つことに注意する．

$$P(X_{s+t} = j | X_0 = i) = \sum_k P(X_{s+t} = j, X_s = k | X_0 = i) \tag{4.34}$$

ここで

$$\begin{aligned}&P(X_{s+t} = j, X_s = k | X_0 = i) \\ &= P(X_{s+t} = j | X_s = k, X_0 = i) P(X_s = k | X_0 = i)\end{aligned} \tag{4.35}$$

が成り立つことと，式 (4.36) から，式 (4.33) が成り立つことがわかる．

$$\left. \begin{aligned} P(X_s = k | X_0 = i) &= p_s(i,k), \\ P(X_{s+t} = j | X_s = k, X_0 = i) &= p_t(k,j) \end{aligned} \right\} \tag{4.36}$$

♠

遷移確率の $t = 0$ での微分

$$q_{i,j} = \lim_{h \downarrow 0} \frac{p_h(i,j)}{h}, \quad (j \neq i) \tag{4.37}$$

を i から j へのジャンプ率という．状態 i から外へ出て行く全流れは

$$q_i = \sum_{j \neq i} q_{i,j} \tag{4.38}$$

となる。これは状態 i にいる確率が減る率を表しており，実際，状態 i にいるライフタイムは率 q_i の指数分布となることが知られている。

$$q_{i,i} = -q_i \tag{4.39}$$

と定義する。このとき，遷移行列 Q を

$$Q = \begin{pmatrix} q_{0,0} & q_{0,1} & \cdots \\ q_{1,0} & q_{1,1} & \cdots \\ \vdots & \vdots & \ddots \end{pmatrix} = \begin{pmatrix} -q_0 & q_{0,1} & \cdots \\ q_{1,0} & -q_1 & \cdots \\ \vdots & \vdots & \ddots \end{pmatrix} \tag{4.40}$$

と定義する。

例 4.1 生起率 λ のポアソン過程を考える。このとき，$q_{n,n+1} = \lambda$ となる。

推移確率行列 $P(t)$ を $p_t(i,j)$ を第 i–j 成分とする行列として定義する。チャップマン–コルモゴロフの方程式 (4.33) は

$$P(s+t) = P(s)P(t) \tag{4.41}$$

と書ける。式 (4.41) から

$$P(t+h) - P(t) = P(t)P(h) - P(t) = P(t)(P(h) - I) \tag{4.42}$$

となることがわかる。ここで，Q を $q_{i,j}$ を第 i–j 成分とする行列とすると，式 (4.42) において $h \to 0$ として

$$P'(t) = P(t)Q \tag{4.43}$$

が成り立つことがわかる。式 (4.43) はチャップマン–コルモゴロフの前向き微分方程式と呼ばれる。明らかに $P(0) = I$ であるから，式 (4.43) を $P(0) = I$ の条件のもとで解くと

$$P(t) = e^{Qt} \tag{4.44}$$

となることがわかる。

もし，状態ベクトル $\pi(t)$ が存在するとすると，以上から

$$\frac{d\pi(t)}{dt} = \pi(t)\,Q \tag{4.45}$$

が成り立つ。式 (4.45) の形式的な解は

$$\pi(t) = \pi(0)\,e^{Qt} \tag{4.46}$$

で与えられる。

また，定常的な状態ベクトル $\pi = \lim_{t\to\infty} \pi(t)$ が存在するときは π は

$$\pi Q = 0 \tag{4.47}$$

を満たす。式 (4.47) は一次従属な関係式で，$\pi \cdot e^{Qt} = 1$ を満たす解が一意に存在する。

さて，定常状態にあるマルコフ連鎖の大域的な平衡方程式は，状態空間を状態の集合 Ω とその補集合 Ω^c に分けたとき

$$\sum_{i\in\Omega, j\in\Omega^c} \pi_j\, q_{j,i} = \sum_{i\in\Omega, j\in\Omega^c} \pi_i\, q_{i,j} \tag{4.48}$$

の形でも成り立つ (マルコフ連鎖でも同様) ことを注意しておこう。

つぎに平衡方程式の解法について考える。以下連続時間マルコフ過程の状態の集合が有限であると仮定して議論しよう。この場合はマルコフ連鎖のときとまったく同様の数値計算法が有効となる。

そこで，ここでは形式な解法をもう一つ追加しておくことにしよう。状態の数は $n+1$ であるとしよう。平衡方程式

$$\pi Q = 0 \tag{4.49}$$

はそのままでは一次従属となり解けない。そこで，$\pi e = 1$ を $n+1$ 個並べた方程式

$$\pi E = e \tag{4.50}$$

を補助に考えよう。ただし，E はすべての要素が 1 である $(n+1)\times(n+1)$ の行列とする。式 (4.49) に式 (4.50) を辺々加えた方程式

$$\pi(Q+E) = e \tag{4.51}$$

を考える。このとき，$Q+E$ は正則行列となり，式 (4.51) を π について解くことにより，π が求められる。もちろん形式的には

$$\pi = e(Q+E)^{-1} \tag{4.52}$$

と書けるが，$(Q+E)^{-1}$ を実際に求めることは得策ではない。MATLAB の命令で書けば

```
>> p = (Q'+ones(n+1,n+1))\ones(n,1)
```

と求めるのがよい。

演 習 問 題

1. チャップマン–コルモゴロフの方程式 (4.7) を導け。

2. つぎの遷移行列 P をもつマルコフ連鎖の定常確率分布を直接解法 (1) で求めよ。

$$P = \begin{pmatrix} 0.1 & 0.1 & 0.8 \\ 0.5 & 0.3 & 0.2 \\ 0.9 & 0.05 & 0.05 \end{pmatrix}$$

3. 問 2 の遷移行列 P をもつマルコフ連鎖の定常確率分布を直接解法 (2) で求めよ。

4. 問 2 の遷移行列 P をもつマルコフ連鎖の定常確率分布を反復解法で求めよ。

5 待ち行列

本章のねらい 銀行，郵便局，駅のタクシー乗り場，食堂など行列を作って順番を待ち，あるサービスを受けて退場するというシステムは日常数多く存在する。電話をかけるという操作も電話番号を電話機に入力すると，接続要求が交換機に出され，相手と接続処理がされるという意味で，同様のシステムである。電子メールを送ることなどもまた同様である。これらのシステムを抽象化した数理モデルとして待ち行列がある。待ち行列モデルは以上のようなシステムの特性を確率的に解析するモデルである。また，別のいい方によれば，確率的な考え方に基づいて，システムを設計するための基礎理論である。本章では待ち行列の基本的な性質について学習するが，学習が進むにつれてなぜ確率という考え方を用いるか，その巧さがわかるようになるであろう。

5.1 待ち行列システムの定義とケンドールの記法

まず，一般的な待ち行列システムの定義をしよう。

5.1.1 待ち行列システムの表し方

典型的な待ち行列システムの例として，銀行を念頭に以下議論しよう。銀行には，客が来て，窓口に並び，順番がくれば，窓口でサービスを受け，サービスを受け終われば，銀行から客は去っていく。このような，システムをモデル化したのが待ち行列システムである。

待ち行列システムとは，この銀行のようなシステムを，つぎのような六つの

5.1 待ち行列システムの定義とケンドールの記法

要素からなる確率モデルとしてモデル化したものである。

1. 客の到着の様子を表す到着時間間隔分布モデル
2. サービスを提供する窓口の処理時間分布モデル
3. サービス窓口の数
4. システムの容量
5. システムに来る客の数
6. サービスの規範

以下，これらについて順に説明する。

1. 客の到着の様子を表す到着時間間隔分布モデル 客の到着モデルは客がどのような時間間隔で到着するかを表す確率過程で表される。これを入力過程という。すなわち，入力過程はどういう時間間隔分布により客がシステムに入場してくるかのモデルである。最も基礎的なものは，客がでたらめに入ってくるというポアソン過程モデルである。これをポアソン生起という。ポアソン分布に従って入場してくる客の到着間隔は指数分布となるので，指数分布を指す Markovian という英語の頭文字により，ポアソン生起モデルを採用することを「入力過程は M ですよ」というふうにいう。一般の分布を考えるときには，General の頭文字である G という記号で表す。以下，そのような分布を表す記号を示そう。

- GI：一般の独立な分布
- G：一般分布
- M：指数分布
- D：一定分布
- E_K：位相 K のアーラン分布
- H_K：K 次の超指数分布

2. サービスを提供する窓口の処理時間分布モデル サービスを提供する窓口において，客が受けるサービス時間の長さの分布を窓口の処理時間分布という。最も基礎的なのはこれが指数分布になるというもので，この場合には，「サービス時間分布は M ですよ」というふうにいう。どのようなサービス時間

分布であるかは客の到着の様子を表す到着時間間隔分布モデルのときと同じ記号を用いて表す。

3. サービス窓口の数 窓口の数を表す。これは s 個の窓口がある場合には s というように，窓口の数によって表す。

4. システムの容量 窓口の数と窓口が全部ふさがっているときの待ち行列の長さの最大値を足した数である。これは省略でき，省略したときにはデフォルトとして ∞ が取られる。

5. システムに来る客の数 システムに到着しうる客の数の最大値である。これも省略でき，省略したときはデフォルトとして ∞ が取られる。

6. サービスの規範 どのような順序で客にサービスをするかのルールである。つぎのようなものがある。

- (FCFS) First Come First Served の略。最初に来た客が最初にサービスされる。
- (LCFS) Last Come First Serverd の略。最後に来た客が最初にサービスされる。
- (LCFS-PR) Last Come First Served with Preempt and Resume
- (RR) Round Robin
- (PS) Processor Sharing
- (SPT) Shortest Processing Time first
- (SRPT) Shortest Remaining Processing Time first
- (SEPT) Shortest Expected Processing Time first
- (SERPT) Shortest Expected Remaining Processing Time first

5.1.2 ケンドールの記法

以上のような，六つの要素からなる待ち行列モデルを簡潔に表す記号として，ケンドールの記号 (Kendall's notation) を用いるのが普通である。これは

$$A/B/C/K/m/Z \tag{5.1}$$

のように待ち行列システムを表す。ここに

5.1 待ち行列システムの定義とケンドールの記法

1. A は客の到着の様子を表す到着時間間隔分布モデル
2. B はサービスを提供する窓口の処理時間分布モデル
3. C はサービス窓口の数
4. K はシステムの容量
5. m はシステムに来る客の数
6. Z はサービスの規範

である。

後半の三つの記号 K, m, Z は省略可能で、省略した場合には、それぞれ、K$=\infty$, m$=\infty$, Z=FCFS であるとされる。例えば、客の到着モデルが M で、サービス時間分布モデルが M で、窓口の数が s である待ち行列システムを

$$M/M/s \tag{5.2}$$

と表す。これは M/M/s/∞/∞/FCFS のことである。また、客の到着モデルが M で、サービス時間分布モデルが一般分布 G で、窓口の数が s であるシステムを

$$M/G/s \tag{5.3}$$

と表す。これは M/G/s/∞/∞/FCFS のことである。

窓口の数 s である待ち行列システムに s 人の客が入っている状態では、客は必ず空いている窓口でサービスを受けるとして、窓口はすべてふさがっている。この状態で新たな客がシステムに入場すると客の待ちができる。客の待ちを n 人まで許すという制限をケンドールの記号では M/M/s/s+n と表す。M/M/s/s+n を簡単に M/M/s(n) のように表すこともある。すなわち、待ち行列システム M/M/s(n) はシステム内に n 人までの待ちを許す。ケンドールの記号において、M/M/s のように何も表示しないときは、デフォルトで $n=\infty$ のことと約束されていることは前に述べた。M/M/s/s または M/M/s(0) と表示されているときは、待ちを許さないことを表している。これは、現在の電話システムがその例で、電話をかけたとき、相手が話中であれば接続に失敗し、一度電話を切ってからかけなおさなければならない。すなわち、電話をかけ相

手が話中のとき，受話器を置かないで待っていて，その待ちの間に相手が電話を終了したとしても，自分の電話が相手に接続されるということが「ない」というのが M/M/s(0) である。$n=0$ のシステムを即時式，$n=\infty$ のシステムを待時式ということがある。以上において，M/M/s(n) という例を挙げたが，もちろん，M/G/s(n) なども同様に定義される。すなわち，M/G/s(n) はシステム内に客の待ちを n 人まで許すシステムのことである。

5.2 PASTA

待ち行列の性質を詳細に解析する前に，入力がポアソンであるときに広く成り立つ PASTA という性質について学習しよう。

5.2.1 PASTA

$N(t)$ をポアソン過程とする。$\{X(t)\}$ を右連続で左極限をもつ確率過程とする。$\{X(s)|0 \leq s < t\}$ が $\{N(t+s) - N(t)|s \geq 0\}$ と独立であるとき

$$\lim_{n \to \infty} \frac{1}{n} \sum_{k=1}^{n} X(T_k-) = \lim_{t \to \infty} \frac{1}{t} \int_0^{\infty} X(s)ds \tag{5.4}$$

が成り立つ。式 (5.4) を PASTA(Poisson Arrival See Time Average) という。ここに，$X(T_k-)$ と T_k にマイナスが付くのは，到着した客自身は入れないでカウントすることを表す。PASTA は非常に基本的な性質であり，時に ROP(Random Observer Property) とも呼ばれる。

待ち行列システム M/G/s において，時刻 t におけるシステム内の客の数を $c(t)$ として

$$X(t) = u_{\{c(t)=j\}}, \quad (j = 0, 1, 2, \cdots) \tag{5.5}$$

とすると，時間間隔 $[0,t)$ におけるシステム内の客の数 $\{c(s)|0 \leq s < t\}$ は時刻 t 以降の客の到着 $\{N(t+s) - N(t)|s \geq 0\}$ には独立なので，$\{X(s)|0 \leq s < t\}$ も $\{N(t+s) - N(t)|s \geq 0\}$ に独立である。したがって式 (5.4) が成り立つ。定常状態にある M/G/s においては

$$\Pi_j = \lim_{n\to\infty} \frac{1}{n} \sum_{k=1}^{n} X(T_k-) \qquad (5.6)$$

とすると，Π_j は客の到着直前にシステム内に客が j 人いる確率となる．一方

$$P_j = \lim_{t\to\infty} \frac{1}{t} \int_0^t X(s)\,ds \qquad (5.7)$$

と置くと，P_j は時間間隔 $[0,t)$ の間にシステム内に j 人の客がいる総時間を t で割って $t \to \infty$ としたもの，すなわちシステム内に j 人の客がいる確率を表している．入力がポアソン到着である場合

$$\Pi_j = P_j \qquad (5.8)$$

が成り立つというのが PASTA である．

例 5.1 (PASTA が成立しない例) D/D/1 を考える．このシステムにおいて，到着は 10 秒ごとで，サービスは 9 秒で終わるとする．すると到着した客は常にシステムが空である状態を見るが，実際にシステム内に客がいる確率は 0.9 である．このようにポアソンでない到着の場合には PASTA が成立しない例は多くある．

5.2.2 PASTA の証明

ここでは，エルゴード的な確率過程 $\{X(s)|0 \leq s < t\}$ がポアソン過程 $\{N(t+s) - N(t)|s \geq 0\}$ と独立であるとき PASTA が成り立つことを示そう．ただし

$$P_j = \lim_{t\to\infty} P(X(t) = j) \qquad (5.9)$$

となる系をエルゴード的なシステムであるという．すなわち，時間平均が空間平均に等しくなる系をエルゴード系であるという．証明の目標は

$$\Pi_j = P_j \qquad (5.10)$$

を示すことである．

条件付き確率の性質 $P(A|B) = P(A,B)/P(B)$ に注意すると

$$P(X(t)=1|t+ \text{に到着}) = \frac{P(X(t)=1, t+\text{に到着})}{P(t+\text{に到着})} \qquad (5.11)$$

となる．ここで，$t+$ に客が到着するという事象は，$[t, t+\Delta t)$ で $\Delta t \to 0$ に客が到着するという事象と同じである．よって，式 (5.11) の右辺は

$$\lim_{\Delta t \to 0} \frac{P(X(t)=1, [t+\Delta t)\text{に到着})}{P([t+\Delta t)\text{に到着})} \qquad (5.12)$$

に一致する．式 (5.12) は

$$\lim_{\Delta t \to 0} \frac{P(X(t)=1)P([t+\Delta t)\text{に到着}|X(t)=1)}{P([t+\Delta t)\text{に到着})} \qquad (5.13)$$

となるが，到着がポアソンで，$\{X(s)|0 \leq s < t\}$ が $\{N(t+s)-N(t)|s \geq 0\}$ と独立であることから式 (5.13) は

$$\lim_{\Delta t \to 0} \frac{P(X(t)=1)P([t+\Delta t)\text{に到着})}{P([t+\Delta t)\text{に到着})} = P(X(t)=1) \qquad (5.14)$$

となる．

すなわち，以上により

$$P(X(t)=1|t+\text{に到着}) = P(X(t)=1) \qquad (5.15)$$

が示されたことになる．ここで $t \to \infty$ とすると，式 (5.15) は

$$\Pi_j = P_j \qquad (5.16)$$

となり，これはエルゴード的なシステムにおける PASTA が成り立つことを意味する．

5.3 待ち行列の解析に現れる量

ここでは待ち行列の解析に現れる典型的な量についていくつか説明する．

5.3.1 占有率

G/G/1 において，到着率を λ，サービス時間を B とするとき，$\lambda E(B)$ は単位時間当りにシステムに到着する仕事量である．一つのサーバは単位時間に 1 ユニットの仕事をするので，$\lambda E(B) < 1$ となることが待ちが無限に発散しな

いための十分条件となる．$\lambda E(B) = 1$ のときは D/D/1 以外では，一般に待ち行列が無限に発散することも知られている．

$$\rho = \lambda E(B) \tag{5.17}$$

を G/G/1 のサーバの占有率または利用率という．

複数サーバ系である G/G/c では $\lambda E(B) < c$ が待ち行列が無限に伸びないための条件となる．したがって

$$\rho = \frac{\lambda E(B)}{c} \tag{5.18}$$

を G/G/c のサーバの占有率または利用率という．

5.3.2 特性測度

待ち行列システムの特性測度 (performance measure) として

- 客の平均待ち時間 (waiting time) と平均占有時間 (sojourn time) がある．平均占有時間とは，客がシステムに入ってから，サービスを受けて出てくるまでの平均的な時間をいう．
- システム内に何人の客がいるかの分布関数．

などが重要である．平均待ち時間と平均占有時間などの平均値の解析においてはリトルの公式と PASTA がたいへん有用となる．

例として，G/G/1 システムを考えよう．リトルの公式を G/G/1 のいくつかのサブシステムに適用することによって，いろいろな関係式が導かれることをみてみよう．まず，リトルの公式をサーバと待ち行列とを含む全体のシステムに適用してみる．L をシステムの平均客数，S を客のサーバの平均占有時間，λ を単位時間当りの客の到着率とすると，リトルの公式から

$$L = \lambda S \tag{5.19}$$

が成り立つ．ただし，システムの待ちが無限に長くならないとする ($\rho < 1$)．

つぎに，リトルの公式を待ち行列 (サーバでサービスを受けている人を除く) に適用することにより，サービスを受けるまでの平均待ち時間 W と待ち行列の平均長 L_q の間の関係式

$$L_q = \lambda W \tag{5.20}$$

を得る。さらに，リトルの公式をサーバだけに適用することにより

$$\rho = \lambda E(B) \tag{5.21}$$

を得る。ただし，ここでは ρ はサーバに単位時間に訪れる平均客数とみなしているが，これはサーバの占有率に一致する。

また，M/·/· 系では PASTA が成り立つ。

リトルの公式や PASTA を有効に利用すると，L や S などが，システム内に何人の客がいるかという分布関数を求めなくても計算できる (以下の章でみる)。このような分布を経ない待ち行列システムの解析を平均値解析という。

演 習 問 題

1. PASTA の本文とは異なる別の証明を与えよ。

6 M/M/S/S

本章のねらい トラヒック理論でいうところの，即時系が M/M/S/S である．M/M/S/S は，電話系のモデルなどとして，基本的に重要な役割を果たしてきた．本章では M/M/S/S の解析を行う．

6.1 M/M/S/S の解析

M/M/S/S を考える．窓口の数が S でシステム内で待つことが許される客の数が最大 S であるので，S 人の客がサービスを受けている状態で，新たな客が到着すると，その客はシステムに入ることができずに退却する．すなわち，損失 (loss) が生じ，M/M/S/S は損失系である，または即時系であると呼ばれる．したがって，損失系である M/M/S/S のパフォーマンス特性は，到着した客が系に入れない (ブロックされる) 確率によって表される．そのような損失確率としてはつぎのようなものがある．

1. タイムブロック　どれだけの時間的な割合で，系が満杯になっているか．
2. コールブロック　どれだけの割合の到着客が系に入れないか．
3. トラヒックブロック　どれだけの比率のトラヒック強度がブロックされるか．

ここでは，入力がポアソンで，サービス時間が独立で同一の分布に従うときは，これら三つの損失確率が一致することをみる．

客の到着分布が生起率 λ のポアソン分布，サービス分布が終了率 μ の指数

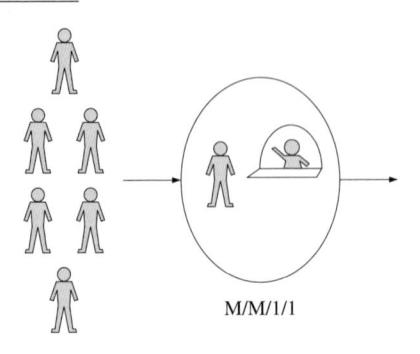

図 **6.1**　M/M/1/1

分布，窓口の数が S 個の即時式待ち行列システム M/M/S/S を考える (図 **6.1** に S が 1 の場合を示す)．

パラメータ λ は単位時間に到着する客の平均値を，μ は単位時間に窓口でサービスを提供できる客の数である．ポアソン分布，指数分布の性質より，客の到着時間間隔の平均値は $1/\lambda$ に，窓口でのサービス時間の平均値は $1/\mu$ となる．トラヒック強度 a を

$$a = \frac{\lambda}{\mu} \qquad (6.1)$$

と定義する．これは，窓口で単位時間にサービスを提供できる客の数に対して，単位時間当り，何倍の客がシステムにやってくるかを表している．トラヒック強度の単位としては，〔erl〕を用いる．これは，トラヒック理論に大きな功績のあるアーラン (Erlang, A. K.) にちなんだ単位で，アーランと呼ぶ．

以下，まず，M/M/S/S の解析を行ってみよう．

6.1.1　過渡状態を記述する方程式

入力は生起率 λ のポアソンであり，サービスは終了率 μ の指数分布であるとする．時刻 t においてシステム内に滞在する客の数を $N(t)$ とする．ポアソン分布の導出時に用いたのと同様図 **6.2** を考える．

$N(t + \Delta t) = n$ となるためには

1. K_1: $N(t) = n$ で Δt の間に状態が変化しない (新しい客も来ず，サー

図 **6.2** M/M/S/S の過渡解析のための時間の分割

ビスも終了しない)

2. K_2: $N(t) = n-1$ で Δt の間に新しい客が 1 人来る。サービスは終了しない

3. K_3: $N(t) = n+1$ で Δt の間に 1 人の客のサービスが終了する

などが必要である。これらの状態が生じる確率を計算してみると、Δt より高次の微少量を無視すると、つぎのようになる。

$$\left.\begin{array}{l}P(K_1) = P_n(t)(1 - \lambda\,\Delta t - n\mu\,\Delta t) \\ P(K_2) = P_{n-1}(t)(\lambda\,\Delta t) \\ P(K_3) = P_{n+1}(t)((n+1)\mu\,\Delta t)\end{array}\right\} \quad (6.2)$$

したがって、時刻 $t + \Delta t$ で $N(t + \Delta t) = n$ となる確率 $P_n(t + \Delta t)$ はつぎのようになる。

$$P_n(t + \Delta t)$$
$$= P(K_1) + P(K_2) + P(K_3)$$
$$= P_n(t) + (\lambda P_{n-1}(t) - (\lambda + n\mu) P_n(t) + (n+1)\mu P_{n+1}(t))\,\Delta t$$

これから

$$\frac{P_n(t + \Delta t) - P_n(t)}{\Delta t} = \lambda P_{n-1}(t) - (\lambda + n\mu) P_n(t) + (n+1)\mu P_{n+1}(t)$$

を得る。よって、$\Delta t \to 0$ とすると

$$\frac{dP_n(t)}{dt} = \lambda P_{n-1}(t) - (\lambda + n\mu) P_n(t) + (n+1)\mu P_{n+1}(t) \quad (6.3)$$

が最終的に得られる。よって、ポアソン過程のときのように、この微分方程式を解けば M/M/S/S が解けることになる。

6.1.2 定常状態の分布

式 (6.3) を解くのは一般には難しいので、ここでは定常状態の解析を行うことにする。$t \to \infty$ で $P_n(t) \to P_n$ というように一定の状態になるとする。こ

れを定常状態という。式 (6.3) は，$t \to \infty$ で $dP_n(t)/dt = 0$ となることから，$t \to \infty$ で

$$\lambda P_{n-1} - (\lambda + n\mu)P_n + (n+1)\mu P_{n+1} = 0 \tag{6.4}$$

となる。ただし，$P_{-1} = P_{S+1} = 0$ とする。この式を書き換えて

$$(\lambda + n\mu)P_n = \lambda P_{n-1} + (n+1)\mu P_{n+1} \tag{6.5}$$

として，$n = 0$ から $n-1$ まで加えていく。すると打ち消し合いが起こり，最終的に

$$P_n = \frac{a}{n} P_{n-1}, \quad (n = 1, 2, \cdots, s) \tag{6.6}$$

を得る。ただし，$a = \lambda/\mu$ である。

例 6.1 式 (6.6) を導くにはグラフを用いる方法もある。いま図 **6.3** を考える。

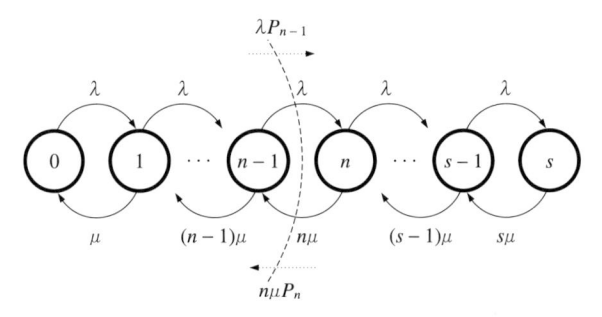

図 **6.3** M/M/s/s の定常状態

ただし，このグラフは定常状態を表しているとする。図の破線のようにグラフを二つの部分に分ける枝の集合を切断 (cut) という。この切断は二つの部分グラフの境界をなすが，その境界において確率的な流れの出入りが等しい (Flow–out=Flow–in 方程式) として，式 (6.7) を得る。

$$\lambda P_{n-1} = n\mu P_n \tag{6.7}$$

6.1 M/M/S/Sの解析

式 (6.6) から

$$P_n = \frac{a}{n} P_{n-1} = \frac{a^2}{n(n-1)} P_{n-2} = \cdots = \frac{a^n}{n!} P_0 \qquad (6.8)$$

P_0 はシステムに客がいない状態の確率で，条件

$$\sum_{n=0}^{S} P_n = P_0 \left(1 + \sum_{n=1}^{S} \frac{a^n}{n!} \right) = 1 \qquad (6.9)$$

より

$$P_0 = \frac{1}{\displaystyle\sum_{n=0}^{S} \frac{a^n}{n!}} \qquad (6.10)$$

と決定される。こうして

$$P_n = \frac{\dfrac{a^n}{n!}}{\displaystyle\sum_{n=0}^{S} \frac{a^n}{n!}}, \quad (n = 0, 1, 2, \cdots, S) \qquad (6.11)$$

となることが導かれた。式 (6.11) を最初に解析を行ったアーランにちなんでアーランの第一公式 (Erlang's first formula) という。また，式 (6.11) によって決まる分布を，打ち切られたポアソン (truncated Poisson) 分布 (またはアーラン分布) と呼ぶ。打ち切られたポアソン分布という呼称は，ポアソン分布

コーヒーブレイク

アーラン (Erlang, A. K.) は，1878 年にデンマークに生まれ，1929 年に没した。コペンハーゲン大学で数学を学び，確率論に興味をもつ。1908 年にコペンハーゲン電話会社に就職し，確率論を電話の呼の問題に応用する。そして，1909 年には The theory of probability and telephone conversations という題目で，このテーマ最初の論文を書いている。1917 年に，呼の損失確率と待ち時間に関する公式を与える (Solution of some Problems in the Theory of Probabilities of Significance in Automatic Telephone Exchanges, Elektrotkeknikeren, **13**, (1917)) が，これはただちに多くの電話会社で用いられるようになった。アーランは数表を作るのにもたいへん熱心であった。

$$p_n = \frac{a^n}{n!}e^{-a} \quad (6.12)$$

において，システム内の客の数が S 人であるという条件で，システム内に n 人いるという条件付き確率 $p(n|n \leq S)$ が

$$p(n|n \leq S) = \frac{\dfrac{a^n}{n!}e^{-a}}{\displaystyle\sum_{n=0}^{S}\dfrac{a^n}{n!}e^{-a}} = \frac{\dfrac{a^n}{n!}}{\displaystyle\sum_{n=0}^{S}\dfrac{a^n}{n!}}, \quad (n=0,1,2,\cdots,S) \quad (6.13)$$

と与えられることによる。

打ち切られたポアソン分布はアーラン分布と呼ばれることも多いが，本書では，指数分布の k 個の和をアーラン分布と呼ぶので，式 (*6.11*) で与えられる分布は打ち切られたポアソン分布と呼ぶことにする。

6.1.3 打ち切られたポアソン分布のグラフ

システムが定常状態にある場合を考える。定常状態において，システム内に r 人の客がいる確率 P_r, $(r=0,1,2,\cdots,s)$ は打ち切られたポアソン分布

$$P_r = \frac{\dfrac{a^r}{r!}}{\displaystyle\sum_{k=0}^{s}\dfrac{a^k}{k!}}, \quad (r=0,1,2,\cdots,s) \quad (6.14)$$

で与えられる。ここでは，図 *6.4* ような打ち切られたポアソン分布のグラフを Scilab で描く方法を学習しよう。

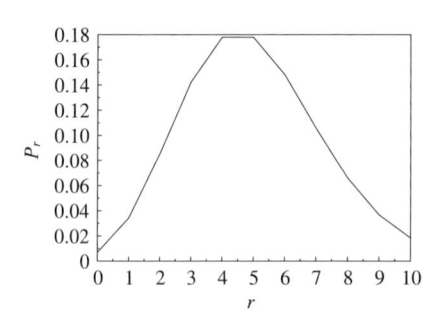

図 **6.4** 打ち切られたポアソン分布

式 (6.14) を計算するために Scilab の関数 (ファイル erl.sci に収納する) をつぎのように書く。

```
function [p]=erl(s,a)
   su=1;
   temp=1;
   for i=1:s,
      temp=a*temp/i;
      su=su+temp;
   end;
   p=zeros(s+1,1);
   p(1)=1/su;
   for i=1:s,
      p(i+1)=a*p(i)/i;
   end;
```

これを Scilab の中から呼び出してグラフを描かせよう。

```
-->getf('erl.sci')
-->p=erl(10,5)
 p   =
!    0.0068315  !
!    0.0341575  !
!    0.0853938  !
!    0.1423230  !
!    0.1779038  !
!    0.1779038  !
!    0.1482532  !
!    0.1058951  !
!    0.0661845  !
!    0.0367691  !
!    0.0183846  !
-->x=[0:1:10];
-->plot(x,p,'r','Pr')
```

このとき図 **6.4** が得られる。

また，打ち切られたポアソン分布を入力強度 a の関数として描くと図 **6.5** のようになる。この図では $s=3$ としてある。

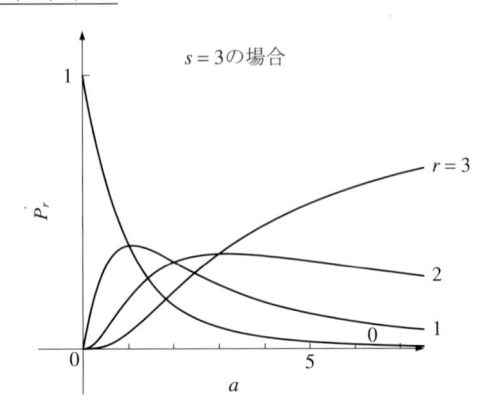

図 6.5 打ち切られたポアソン分布を a の関数として描く

6.2 アーランB式

即時式のシステムは，システム内に窓口の数 s と同じだけの客がいるときには，新たに客はシステム内に入ることはできない。これを呼損(call loss) と呼ぶ。このように，新しい客がシステムが混雑しているために入れない状態をシステムが輻輳しているという。システムが輻輳状態にある確率 (損失確率，呼損率) $E_s(a)$ は，システムに客が s 人いる確率となるので，式 (6.14) より

$$E_s(a) = \frac{\dfrac{a^s}{s!}}{\displaystyle\sum_{n=0}^{s} \dfrac{a^n}{n!}} \tag{6.15}$$

で与えられる。式 (6.15) をアーラン B 式という。アーラン B 式がアーランの第一公式から導かれることより，ヨーロッパでは $E_s(a)$ を $E_{1,s}(a)$ と書くこともある。また，米国では $B(s,a)$ と書くことが多い。

アーラン B 式を計算するために有用となる漸化式として

$$E_{s+1}(a) = \frac{aE_s(a)}{s+1+aE_s(a)} \tag{6.16}$$

が成り立つ。これは式 (6.15) を変形することによって導かれる。ただし

$$E_0(a) = 1 \tag{6.17}$$

とする。

式 (6.16) を導こう。まず，$P_i^s(a), (i=0,1,2,\cdots,s)$ を M/M/s/s の平衡分布であるとする。このとき

$$q_i = \begin{cases} P_i^s & (0 \leqq i \leqq s) \\ \dfrac{a}{s+1} P_s^s & (i = s+1) \end{cases} \tag{6.18}$$

とおくと，明らかに式 (6.6) を $0 \leqq i \leqq s+1$ について満たすことがわかる。したがって

$$Q = \sum_{i=0}^{s+1} q_i = 1 + q_{s+1} \tag{6.19}$$

とするとき

$$P_i^{s+1} = \frac{q_i}{Q}, \quad (i=0,1,2,\cdots,s+1) \tag{6.20}$$

は M/M/s+1/s+1 の平衡分布となることがわかる。よって

$$E_{s+1}(a) = P_{s+1}^{s+1} = \frac{\dfrac{a}{s+1}P_s^s}{1 + \dfrac{a}{s+1}P_s^s} = \frac{aE_s(a)}{s+1+aE_s(a)} \tag{6.21}$$

のように式 (6.16) が導かれる。

例題 6.1 式 (6.16) を用いて，与えられた s と a に対して，$E_s(a)$ 計算するプログラムを作れ。

【解答】 Scilab のプログラムを示す。このプログラムの名前を ErlB.sci とする。

```
function p=E_S(s,a)
  p=1;
  for i=1:s,
    b=a*p;
    p=b/(i+b);
  end;
```

$\diamond$

また

$$F_s(a) = \frac{1}{E_s(a)} \tag{6.22}$$

とおくと，つぎの漸化式が成り立つことがわかる．

$$\left.\begin{array}{l} F_0(a) = 1 \\ F_{s+1}(a) = 1 + \dfrac{s+1}{a} F_s(a) \end{array}\right\} \qquad (6.23)$$

式 (6.23) を用いるときには，まず，$F_s(a)$ を式 (6.23) により計算してから $E_s(a) = 1/F_s(a)$ と求めることになる．式 (6.23) は線形の漸化式となっており，数値計算に最も適している．実際，Palm は式 (6.23) を利用してアーラン B 式の数表を作った[†]．

6.2.1 アーラン B 式のトラヒック特性

アーラン B 式から導かれる M/M/s/s の特性について考える．

時間輻輳：任意の時刻において M/M/s/s システムのすべての窓口がふさがる確率 E が時間輻輳である．これは，窓口がすべてふさがっている時間の割合 $E_s(a)$ に等しい ($E = E_s(a)$)．

呼輻輳：ランダムに発生する呼が損失する確率である．これは，システムに入ろうとする客の中で，窓口がすべてふさがっていたために入れなかった客の割合 B である．これは

$$B = \frac{\lambda P_s}{\sum_{i=0}^{s} \lambda P_i} = E_s(a) \qquad (6.24)$$

となる．$B = E$ となるのは PASTA が成立していることからも理解できる．

通過した客の数：実際にシステムを通過した客の数 Y は，式 (6.7) から

$$Y = \sum_{n=1}^{s} n P_n = \sum_{n=1}^{s} \frac{\lambda}{\mu} P_{n-1} = a(1 - P_s) = a(1 - E_s(a)) \qquad (6.25)$$

となることがわかる．

失われた客の数：システムが輻輳していたために，入れずに帰ってしまった客の数は

$$a_l = a - Y = a E_s(a) \qquad (6.26)$$

[†] Palm, C. :Table of the Erlang Loss Formula, Telefonaktiebolaget L M Ericsson, Stockholm (1947)

となる。

トラヒック輻輳：$C = a_l/a$ をトラヒック輻輳といい、つぎの式で与えられる。

$$C = E_s(a) \tag{6.27}$$

こうして $E = B = C$ が成り立つことがわかる。これは一般には成り立たない関係であるが、M/M/s/s がポアソン到着で、PASTA が成り立つことにより成り立つ性質である。

状態 n への滞在時間分布：状態 n から去る確率は一定であり、$\lambda + n\mu$ で与えられる。したがって、状態 n への滞在時間の分布は、式 (6.28) で表される指数分布

$$\left. \begin{array}{l} f_n(t) = (\lambda + n\mu)e^{-(\lambda+n\mu)t}, \quad (0 \leq n < s) \\ f_s(t) = n\mu e^{-n\mu t}, \quad (n = s) \end{array} \right\} \tag{6.28}$$

で与えられる。

6.2.2 負荷曲線

$E_s(a) = B$ (B は一定) として、a と s の関係を表すグラフを負荷曲線という。つぎに負荷曲線を描くことを考えよう。そのために $E_s(a)$ の a に関する偏導関数のつぎの計算式が有用となる。

$$\frac{\partial E_s}{\partial a} = \left(\frac{s}{a} - 1 + E_s\right) E_s \tag{6.29}$$

負荷曲線を描くために方程式

$$E_s(a) - B = 0 \tag{6.30}$$

を a について解いて、$E_s(a) = B$ となる a を求める。式 (6.30) を解く手法としては数値計算手法のニュートン法を用いればよい。この手法は $f(a) = E_s(a) - B$ とするとき、$a_0 > 0$ を適当に選んで

$$a_{n+1} = a_n - \frac{f(a_n)}{f'(a_n)}, \quad (n = 0, 1, 2, \cdots) \tag{6.31}$$

と反復改良する方法である。Scilab による具体的なプログラムを示そう。例題 **6.1** で示したファイル ErlB.sci を利用する。さらに，つぎの内容のファイルを koku.sci とする。

```
function p=huka(n,b)
    p=zeros(n+1,1);
    p(1)=0;
    c=1;
    for i=2:n+1,
        a=c;
        for j=1:20,
            t=E_S(i-1,a);
            a=a-(t-b)/(((i-1)/a-1+t)*t);
        end;
        p(i)=a;
        c=a;
    end;
```

そして，Scilab を立ち上げてつぎのように図 **6.6** を描く。

```
-->getf('koku.sci')
-->getf('ErkB.sci')
-->n=50;
-->b=0.01;
-->p=huka(n,b);
-->x=[0:1:50];
```

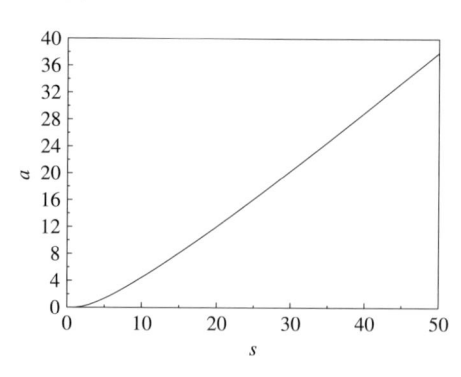

図 **6.6** 負荷曲線 ($B = 0.01$)

```
-->plot(x,p,'s','a')
```

6.2.3 利用率

M/M/s/sシステムにおいて，呼損率が b であるとき，$E_s(a) = b$ となる $a = a(b, s)$ によって，サービスの窓口当りの利用率を

$$\eta_s(b) = \frac{a(1-b)}{s} \tag{6.32}$$

で定義する．利用率 $\eta_s(b)$ を，b を一定にして，いろいろな s について比較してみる．

図 **6.7** に，$\eta_s(b)$ を $b = 0.01$ について，s の関数として描いた図を示した．この図から，呼損率が一定の場合には，窓口の数 s が多いほど窓口の利用率 η が高いことがわかる．窓口の利用率が高いほど，窓口は有効に使われていると考えられるので，呼損率という，サービスの条件が同一という条件下では，一つのシステムに多くの窓口があるほうがよいことを図は示している．これを大群化効果 (economy of scale) という．

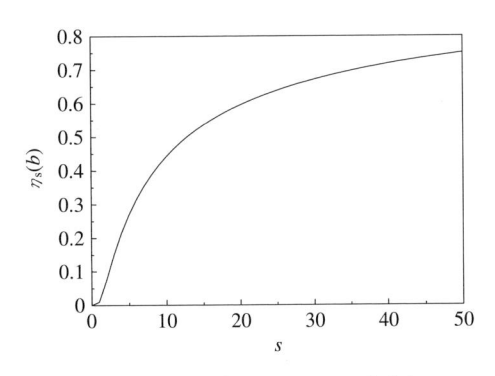

図 **6.7** 利用率 ($b = 0.01$ のとき)

6.2.4 サービス時間分布に対する不感性

M/M/c/c の平衡分布は入力過程の到着率を λ，サービス時間を表す確率変数を X とするとき，$a = \lambda E(X)$ として，打ち切られたポアソン分布

$$\pi_j = \frac{\dfrac{a^j}{j!}}{1 + a + \dfrac{a^2}{2!} + \cdots + \dfrac{a^c}{c!}} \tag{6.33}$$

で与えられた．ここでは，サービス時間分布が一般となっても $E(X)$ さえ同じならば，平衡分布が変化しないことを示そう．すなわち，式 (6.33) は M/G/c/c でも成り立つこと示そう．ただし，一般的に議論するのは煩雑なので，M/G/1/1 の場合についてのみ証明を与えることにする．

M/G/1/1 の平衡分布が $a = \lambda E(X)$ として

$$\pi_0 = \frac{1}{1+a}, \quad \pi_1 = \frac{a}{1+a} \tag{6.34}$$

で与えられることを示そう．ただし，入力過程の率を λ，サービス時間を表す確率変数を X とする．

さて，M/G/1/1 では，システムにサービスを受けている人がいる間は客が到着してもその客は退却せざるをえない．したがって，窓口の状態は，サービスをしている状態と，その客へのサービスが終わり，窓口の状態が空いている状態になってから，つぎの客が系にやってくるまでの空き状態がペアとなって，それが繰り返されることになる (図 **6.8**)．

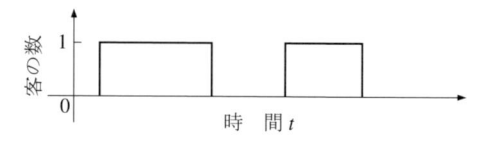

図 **6.8** M/G/1/1

サービスが行われている状態の平均時間は $E(X)$ である．一方，ある客へのサービスが終わり，窓口の状態が空いている状態になってから，つぎの客が系にやってくるまでの空き状態の平均時間はポアソン過程の無記憶性から $1/\lambda$ となる．よって，窓口がふさがっている時間帯と，その後の空いている時間帯の 1 サイクルの時間は

$$E(X) + \frac{1}{\lambda} \tag{6.35}$$

となる。よって、窓口が空いている定常確率は

$$\pi_0 = \frac{\frac{1}{\lambda}}{E(X) + \frac{1}{\lambda}} = \frac{1}{1+a} \tag{6.36}$$

となる。また、窓口がふさがっている定常確率は

$$\pi_1 = \frac{E(X)}{E(X) + \frac{1}{\lambda}} = \frac{a}{1+a} \tag{6.37}$$

となる。これが求める結果である。

6.3 トラヒック理論への応用

　電話網の解析に待ち行列が適用され、それが、トラヒック理論として発展した。現在ではトラヒック理論はさまざまな情報通信ネットワークのモデルにまで適用範囲を拡大している。トラヒック理論の基礎的な部分は待ち行列理論そのものである部分が多いが、用語が大きく異なる。ここでは、トラヒック理論と待ち行列理論を対比させてその用語の違いをみることにする。

　トラヒック理論では M/M/S/S を図 **6.9** のように表し、完全線群という。この場合、銀行では、客に相当するのは、電話の接続要求であるので、これを呼(こ)または呼び(よび)という。呼は電話線を伝わって到着するので、呼の入ってくる線を入り線、呼の接続要求を受け入れて、つなぐ先を出線という。出線が銀行の窓口に対応する。以上のような系が完全線群である。

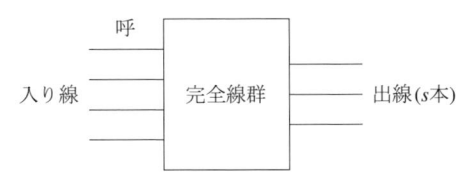

図 **6.9** 完全線群

　出線がすべてふさがっているとき、呼は接続要求をみたされず、ただちに退去する。これを呼損という。トラヒック強度のことを呼量といい、到着した

呼に対する呼損の割合を呼損率という。呼損率は，出線の数を s とし，呼量を a とすれば

$$\text{呼損率} = \frac{\text{呼損となった呼量}}{\text{到着した呼量}} = E_s(a) \qquad (6.38)$$

で与えられる。

例題 6.2 (都市間の中継線の本数の設計)　いま，二つの都市 A,B 間の電話回線の中継線の本数を設計することを考える。都市 A から都市 B への接続要求は 100 erl で，都市 B から都市 A への接続要求は 100 erl とする。中継線は双方向回線であるとする。このとき，呼損率を 1 ％以下にするには，都市 A と B の間の中継線の本数を何本にすればよいか。

【解答】　都市 A と B をつなぐ双方向回線には合計で 200 erl の呼量がかかる。したがって，$E_n(200) < 0.01$ となる n を求めればよい。このような n を求めるための Scilab のプログラム (そのファイル名を `NQ.sci` とする) はつぎのようになる。

```
function n=NQ(q,a)
   p=1;
   p_inv=1;
   n=0;
   while p_inv > q,
      n=n+1;
      p=1+(n*p)/a;
      p_inv = 1/p;
   end;
```

これを Scilab で実行するとつぎのようになる。

```
-->getf('C:\Sci\NQ.sci');
-->getf('C:\Sci\ErlBF.sci');
-->n=NQ(0.01,a)
 n  =
    221.
-->p=E_SF(n,a)
 p  =
    .0098936
-->p=E_SF(n-1,a)
 p  =
```

.0110416

これから，中継線の数を 221 本とすればよいことがわかる。　　　◇

演 習 問 題

1. 式 (6.23) を用いて，与えられた s と a に対して，$E_s(a)$ 計算するプログラムをつくれ．
2. 五つのモデムのシステムに，2 erl の接続要求があるとする．M/M/S/S モデルが適用できるとして，モデムがふさがっているために接続できない確率はどのくらいか．また，六つのモデムのシステムではどうか．
3. モデルシステムの呼損率を 0.01 以下にしたいときには，モデムはいくつ必要か．

7 M/M/S

本章のねらい 本章では，アーランの遅延システムと呼ばれる M/M/S について考える．これは，待ち行列の基本的でたいへん重要なモデルである．M/M/S は，ポアソン到着 (M) でサービス時間が指数分布 (M)，窓口の数が S 個で，待ち行列は任意に長くてかまわないというシステムである．

7.1 M/M/1

M/M/1 は，窓口の数が一つ，客の到着が独立で同一の生起率 λ のポアソン分布，窓口におけるサービス時間も独立で同一の指数分布に従う待時式の待ち行列モデルである．サービスの規律は FCFS (先着順にサービスを受ける) であるとする．窓口の単位時間当りの処理客数を μ とすると，平均のサービス時間は $1/\mu$ となる．M/M/1 は待ち行列モデルで最も基礎的なものである．

待時式の待ち行列システム M/M/1 の処理能力は，単位時間当り μ 人である．したがって，単位時間当り客の到着人数 λ が

$$\lambda < \mu \tag{7.1}$$

であれば，待ち行列システムでさばく客の数のほうが到着する客の数より多くなる．占有率 $\rho = \lambda/\mu$ を用いて式 (7.1) を書き表せば

$$\rho < 1 \tag{7.2}$$

となる．このとき，待時式の待ち行列システム M/M/1 には定常状態が存在する．

7.1.1　M/M/1 の平衡分布

M/M/1 システムの時刻 t においてシステム内の客の数が n である確率を $P_n(t)$, $n = 0, 1, 2, \cdots$ とする。到着率を λ, サービスの終了率を μ とする。

$P_n(t)$ の従う微分方程式は，M/M/c/c のときと同様にして

$$\left.\begin{aligned}\frac{dP_0(t)}{dt} &= -\lambda P_0(t) + \mu P_1(t) \\ \frac{dP_n(t)}{dt} &= \lambda P_{n-1}(t) - (\lambda + \mu) P_n(t) + \mu P_{n+1}(t), \quad (n = 1, 2, \cdots)\end{aligned}\right\} \quad (7.3)$$

となる。$\rho = \lambda/\mu < 1$ という条件が成り立つと，定常状態が存在することが知られており，その条件下で $t \to \infty$ のとき $P_n(t) \to P_n$ となったとする。$dP_n(t)/dt = 0$ として，式 (7.3) は

$$\left.\begin{aligned}-\lambda_0 P_0 + \mu P_1 &= 0 \\ \lambda P_{n-1} - (\lambda + \mu) P_n + \mu P_{n+1} &= 0, \quad (n = 1, 2, \cdots)\end{aligned}\right\} \quad (7.4)$$

となる。式 (7.4) は図 **7.1** のフロー図から求めることもできる。図 **7.1** において矢印は可能な状態の遷移を表している。矢印の量 (λ または μ) はその矢印に沿って，その量の率で遷移が起きることを表している。すなわち，$n-1$ という状態から n へは確率 λ で遷移が起き，n から $n-1$ へは確率 μ で遷移が起きる。これらは，それぞれ，$n-1$ 人いる状態で客が到着したことと，n 人いる状態でサービスを受けていた客のサービスが終了して，システムから出て行ったことを表している。システムが定常状態で状態 n にいる確率は P_n であるから，図 **7.1** は状態 $n-1$ から状態 n へは $P_{n-1}\lambda$ の (確率) フローが存在し，状態 n から $n-1$ へは $P_n\mu$ のフローが存在することを表している。

これらのフローの存在のもとで，システムが平衡状態にあるので，状態 n か

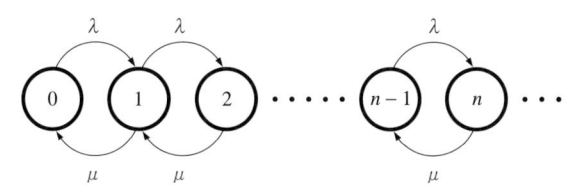

図 **7.1**　M/M/1 のフロー図

ら外へ出るフロー $P_n\lambda + P_n\mu$ と，状態 n へ入ってくるフロー $P_{n-1}\lambda + P_{n+1}\mu$ がつりあう必要がある．

$$P_n\lambda + P_n\mu = P_{n-1}\lambda + P_{n+1}\mu \tag{7.5}$$

これは式 (7.4) そのものである．

つぎに，式 (7.4) を解いて P_n を決定しよう．式 (7.4) の下の式から

$$-\lambda P_n + \mu P_{n+1} = -\lambda P_{n-1} + \mu P_n \tag{7.6}$$

が成り立つことがわかる．よって，式 (7.4) の上の式から始めて，帰納的に

$$-\lambda P_{n-1} + \mu P_n = 0 \tag{7.7}$$

が成り立つことが示される．こうして

$$P_n = P_0 \rho^n \tag{7.8}$$

となることがわかった．条件

$$\sum_{n=0}^{\infty} P_n = 1, \quad \sum_{n=0}^{\infty} P_n = \sum_{n=0}^{\infty} P_0 \rho^n = \frac{P_0}{1-\rho} \tag{7.9}$$

より

$$\left.\begin{array}{l} P_0 = 1 - \rho \\ P_n = (1-\rho)\rho^n \end{array}\right\} \tag{7.10}$$

を得る．式 (7.10) は幾何分布である (図 **7.2**)．

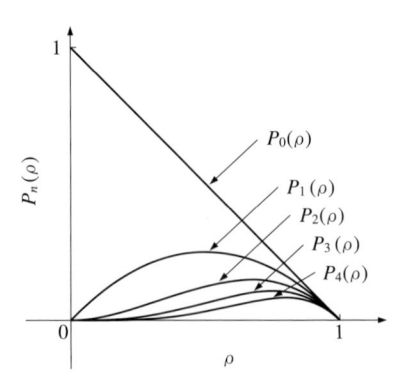

図 **7.2** M/M/1 内に客が n 人いる確率 $P_n(\rho)$

7.1.2 M/M/1 の特性

システム内の客の数の平均は

$$L = \sum_{n=0}^{\infty} n P_n = (1-\rho) \sum_{n=0}^{\infty} n \rho^n = \frac{\rho}{1-\rho} \tag{7.11}$$

式 (7.11) から，ρ が 1 に近づくと L は発散することがわかる (図 **7.3**)。実際に

$\rho = 0.5$ で $L = 1$

であるのが

$\rho = 0.6$ で $L = 1.5$

$\rho = 0.7$ で $L = 2.33$

$\rho = 0.8$ で $L = 4$

$\rho = 0.9$ で $L = 9$

$\rho = 0.95$ で $L = 19$

となる。

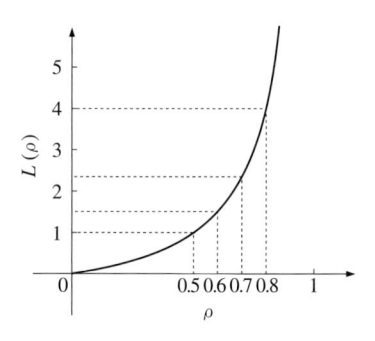

図 **7.3** M/M/1 内の客の数の平均 $L(\rho)$

つぎに，客の平均占有時間 (ジョブのスループットタイム) S はリトルの公式から

$$S = \frac{L}{\lambda} = \frac{\rho}{1-\rho} \frac{1}{\lambda} = \frac{1}{1-\rho} \frac{1}{\mu} = \frac{1}{\mu - \lambda} \tag{7.12}$$

となる。すなわち，1 人の客のサーバでの平均処理時間 $1/\mu$ の $1/(1-\rho)$ 倍になることがわかる。L と同様，ρ が 1 に近づけば S は発散することがわかる。

例えば，$\rho = 0.95$ で $1/(1-\rho) = 20$ となる．式 (7.12) は，当然のことながら，システムに n 人の客がいる定常分布関数からも求めることができる．すなわち，ある客が到着したとき，系内が n 人待ちの状態であったとしよう．これらの客がすべて退却するまでの時間の平均は n/μ となる．また，自分自身がサービスを受ける時間も加えると

$$S = \sum_{n=0}^{\infty} P_n \frac{n+1}{\mu} = \frac{L+1}{\mu} = \frac{1}{1-\rho}\frac{1}{\mu} \tag{7.13}$$

となる．

もう少し解析を進めよう．待ち行列の長さの平均値は

$$L_q = \sum_{n=1}^{\infty}(n-1)P_n = \sum_{n=1}^{\infty} nP_n - \sum_{n=1}^{\infty} P_n = L - \rho \tag{7.14}$$

で与えられる．また，待ち時間の平均値は

$$W_q = \sum_{n=0}^{\infty} P_n \frac{n}{\mu} = \frac{L}{\mu} = \frac{\rho}{1-\rho}\frac{1}{\mu} \tag{7.15}$$

となる．こうして

$$L_q = \lambda W_q \tag{7.16}$$

が成り立つことがわかった．これもリトルの関係式である．

7.1.3 平均値解析

M/M/1 内に何人の客がいるかという定常確率 P_n を計算することなしに，リトルの公式と PASTA により系内平均人数 L や客の平均占有時間 (スループットタイム) S などを計算できることを示そう．

PASTA により，M/M/1 システムに入った客は平均して L 人がシステム内にいることをみる．指数分布の無記憶性により，サービスを受けている先客も残りサービスの平均処理時間は，待ち行列にいる先客と同様に $1/\mu$ となる．よって

$$S = L\frac{1}{\mu} + \frac{1}{\mu} \tag{7.17}$$

となる．この関係は到着関係と呼ばれる．さて，リトルの公式により

$$L = \lambda S \tag{7.18}$$

となるから，これを式 (7.17) に代入すると

$$S = (\lambda S)\frac{1}{\mu} + \frac{1}{\mu} = \rho S + \frac{1}{\mu} \tag{7.19}$$

を得る。これを S について解くと

$$S = \frac{1}{1-\rho}\frac{1}{\mu} \tag{7.20}$$

が導かれる。これより

$$L = \frac{\rho}{1-\rho} \tag{7.21}$$

がわかる。

7.1.4　スループットタイムの分布

M/M/1 に客が到着したとき，もし，n 人の客がシステム内にいる (この中にはサービスを受けている途中の客もいる) とすると，この新たに到着した客がサービスを受けてシステムの外に出るまでの時間の分布は $n+1$ 個の独立で，同じ平均をもつ指数分布の和となる。よって，先に述べたように，その分布はアーラン分布

$$f_{n+1}(t) = \mu \frac{(\mu t)^n}{n!} e^{-\mu t} \tag{7.22}$$

で与えられる。PASTA により，客が到着したとき，n 人の先客がシステム内にいる確率は P_n で与えられるので，スループットタイムの確率密度関数 $f(t)$ は

$$\begin{aligned}\sum_{n=0}^{\infty} P_n f_{n+1}(t) &= \sum_{n=0}^{\infty} (1-\rho)\rho^n \mu \frac{(\mu t)^n}{n!} e^{-\mu t} \\ &= \mu(1-\rho)e^{-\mu(1-\rho)t}\end{aligned} \tag{7.23}$$

となることがわかる。こうして，スループットタイムも指数分布することがわかる。ただし，パラメータは $\mu(1-\rho)$ である。

7.2 M/M/S

客の到着分布が生起率 λ のポアソン分布，サービス分布が終了率 μ の指数分布，窓口の数が S 個の待ち時式の待ち行列モデル M/M/S を考える．

7.2.1 定常状態での解析

待ち時式の待ち行列システムの処理能力は，一つの窓口でのサービスの平均処理時間が $1/\mu$ であるから，単位時間当り $S\mu$ 人である．したがって，単位時間の客の到着率 λ

$$\lambda < S\mu \tag{7.24}$$

であれば，待ち行列システムでさばく客の数のほうが到着する客の数より多くなる．トラヒック強度 $\rho = \lambda/S\mu$ を用いて式 (7.24) を書き表せば

$$\rho < 1 \tag{7.25}$$

となる．このとき，待ち時式の待ち行列システムには定常状態が存在する．定常状態での遷移図は図 **7.4** となるので，定常状態での平衡の方程式を書くと

$$\lambda P_n = (n+1)\mu P_{n+1}, \quad (0 \leq n < S)$$
$$\lambda P_n = S\mu P_{n+1}, \quad (n \geq S) \tag{7.26}$$

となる．

これを解けば式 (7.27) が得られる．

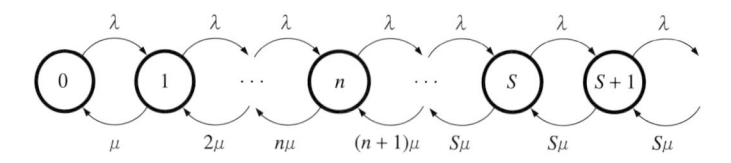

図 **7.4** M/M/S の定常状態での遷移図

$$P_n = \begin{cases} P_0 \left(\dfrac{\lambda}{\mu}\right)^n \dfrac{1}{n!} & (0 \leq n < S) \\ P_0 \left(\dfrac{\lambda}{\mu}\right)^n \dfrac{1}{S! S^{n-S}} & (n \geq S) \end{cases}$$

$$P_0 = \left\{ \sum_{n=0}^{S-1} \left(\dfrac{\lambda}{\mu}\right)^n \dfrac{1}{n!} + \left(\dfrac{\lambda}{\mu}\right)^S \dfrac{1}{S!} \dfrac{1}{1-\rho} \right\}^{-1} \quad (7.27)$$

$$\rho = \dfrac{\lambda}{S\mu}$$

7.2.2 アーラン C 式

PASTA より,到着した客が待ちに入る確率は,S 個の窓口がすべてふさがっている確率 $E_{2,S}(a)$ に等しい。

$$\begin{aligned} E_{2,S}(a) &= \sum_{n=S}^{\infty} P_n \\ &= \dfrac{S}{S-a} P_S \end{aligned} \quad (7.28)$$

となることがわかる。よって,窓口がすべてふさがっている確率 $E_{2,S}$ は

$$E_{2,S}(a) = \dfrac{\dfrac{a^S}{S!} \dfrac{S}{S-a}}{1 + a + \dfrac{a^2}{2!} + \cdots + \dfrac{a^{S-1}}{(S-1)!} + \dfrac{a^S}{S!} \dfrac{S}{S-a}} \quad (7.29)$$

$(a < S)$

と求められる。ただし,$a = \lambda/\mu$ である。式 (7.29) をアーラン C 式という。アーラン C 式はアーランの第 2 公式,アーランの待ち時間系の公式とも呼ばれる。すなわち,$E_{2,S}(a)$ の添え字に現れる 2 という数次は第 2 公式であることからきている。また,$E_{2,S}(a)$ は D, D_S, $p(W > 0)$ などの記号で書かれることも多い。

アーランの遅延システム M/M/S が運ぶトラヒック Y は $a < S$ のとき,入力されたすべてのトラヒックを運ぶから $Y = a$ となる。実際

$$Y = \sum_{n=0}^{S} n P_n + \sum_{n=S+1}^{\infty} S P_n$$

$$= \sum_{n=1}^{S} \frac{\lambda}{\mu} P_{n-1} + \sum_{n=S+1}^{\infty} \frac{\lambda}{\mu} P_{n-1}$$

$$= \frac{\lambda}{\mu} = a \qquad (7.30)$$

$E_{2,S}(a)$ を計算するための便利な式として式 (7.31) が成り立つことが容易にわかる.

$$E_{2,S}(a) = \frac{S E_{1,S}(a)}{S - a(1 - E_{1,S}(a))}, \quad (a < S) \qquad (7.31)$$

よって, $a < S$ のとき, $E_{2,S}(a) > E_{1,S(a)}$ となることがわかる. アーラン C 式はさらにアーラン B 式によって

$$\frac{1}{E_{2,S}(a)} = \frac{1}{E_{1,S}(a)} - \frac{1}{E_{1,S-1}(a)} \qquad (7.32)$$

ときれいな形で表されることも知られている.

7.2.3 アーラン C 式の特性

アーラン C 式は待ち時式の待ち行列システムで重要なものであるので, 少し詳しくその振舞いをみてみよう. まず, $s = 1$ のときには式 (7.29) は

$$Q_1(a) = \frac{\dfrac{a}{1-a}}{1 + \dfrac{a}{1-a}} = a \qquad (7.33)$$

となる. $s = 2$ の場合には, 式 (7.29) は

$$Q_2(a) = \frac{\dfrac{a^2}{2-a}}{1 + a + \dfrac{a^2}{2-a}} = \frac{a^2}{2+a} \qquad (7.34)$$

となる. さらに, $s = 3$ の場合には, 式 (7.29) は

$$Q_3(a) = \frac{\dfrac{a^3}{2(3-a)}}{1 + a + \dfrac{a^2}{2} + \dfrac{a^3}{2(3-a)}} = \frac{a^3}{6 + 4a + a^2} \qquad (7.35)$$

となる. $Q_2(a), Q_3(a)$ は, $Q_1(a)$ に対して窓口の数がそれぞれ 2, 3 倍となったシステムであるので, $Q_2(a), Q_3(a)$ がそれぞれ, $Q_1(a)$ の 1/2, 1/3 となるかといえば, 図 **7.5** からわかるように, 実は

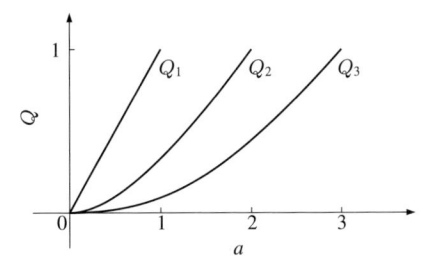

図 7.5 アーラン C 式の特性

$$Q_2(a) < \frac{1}{2}Q_1(a), \quad Q_3(a) < \frac{1}{3}Q_1(a), \quad Q_3(a) < \frac{2}{3}Q_2(a) \quad (7.36)$$

が成り立つ。

7.2.4 アーランの遅延システムの解析

平均待ち客数は

$$\begin{aligned}
L &= \sum_{n=S+1}^{\infty} (n-S)P_n \\
&= \sum_{n=S+1}^{\infty} (n-S)P_S \left(\frac{a}{S}\right)^{n-S} \\
&= P_S \sum_{n=1}^{\infty} n \left(\frac{a}{S}\right)^n \\
&= P_S \frac{a}{S} \sum_{n=1}^{\infty} \frac{\partial}{\partial (a/S)} \left(\frac{a}{S}\right)^n \\
&= P_S \frac{a}{S} \frac{\partial}{\partial (a/S)} \left(\frac{a/S}{1-(a/S)}\right) \\
&= P_S \frac{a/S}{(1-(a/S))^2} \\
&= E_{2,S}(a) \frac{a}{S-a}
\end{aligned} \quad (7.37)$$

で与えられる。リトルの公式から，平均待ち時間は

$$W = \frac{L}{\lambda} = E_{2,S}(a) \frac{h}{S-a} \quad (7.38)$$

で与えられる。ただし，$h = 1/\mu$ である。

7.2.5 M/M/S, FCFS の待ち時間分布

M/M/S において，FCFS(First–Come First–Served, 最初に来た客が，最初にサービスを受ける) サービス規範が取られているものとする。このときの待ち時間分布を調べてみよう。

客がシステムに到着したとき，ただちにサービスを受けられる場合と，待ちに入る場合とがある。ここでは，到着した客が，待ち行列に入らなければいけない場合について考える。すなわち，ある客が到着する寸前のシステム内の客の数が $S+k$ 人であるとする。ただし，$k = 0, 1, 2, \cdots$ とする。この客は，自分がサービスを受けるまでには，$k+1$ 人の客がサービスを終了しなくてはならない。窓口は S 個あって，それらの窓口では強度 $S\mu$ でサービスが終了し，出力過程はポアソン分布となる。この客の待ち時間を表す確率変数を w とすると，$p(w \geq t) = F(t)$ は時間間隔 t の間に強度 $S\mu$ のポアソン過程による出発が $k+1$ 人以上となる確率となる。すなわち

$$F(t|k \text{ 人の待ちがある}) = \sum_{n=k+1}^{\infty} \frac{(S\mu t)^n}{n!} e^{-n\mu t} \tag{7.39}$$

を得る。さて，システムに入る客が，k 人の待ち行列があるのをみる確率は

$$q_k = \frac{\lambda P_{S+k}}{\sum_{n=0}^{\infty} \lambda P_{S+n}} = \frac{P_S \left(\dfrac{a}{S}\right)^k}{P_S \sum_{n=0}^{\infty} \left(\dfrac{a}{S}\right)^n} = \left(1 - \frac{a}{S}\right)\left(\frac{a}{S}\right)^k \tag{7.40}$$

となる。

$$F(t) = \sum_{n=0}^{\infty} q_k F(t|k \text{ 人の待ちがある}) \tag{7.41}$$

に式 (7.39), (7.40) を代入すると，途中の計算は省略するが

$$F(t) = 1 - e^{-(n\mu-\lambda)t}, \quad (a < S, t \geq 0) \tag{7.42}$$

を得る。これは，待ち行列に入ることがわかっている条件下での待ちの時間分布である。

一方，導出は省略するが，待ち行列に入るか入らないかを問わないときの，一般の客の待ち時間分布は

$$F_s(t) = 1 - E_{2,S}(a)e^{-(n-a)\mu t}, \quad (a < S, t \geq 0) \tag{7.43}$$

となることが知られている。

演 習 問 題

1. M/M/S において，平均待ち時間を少なくするための方策を述べよ。

2. 1本の通信線路があり，これを使って，電子メールを送るのに，平均 t_s〔秒〕かかるとする。また，この通信線路の利用率は $\rho\,(\rho<1)$ とする。電子メールをこの回線を使って送る際に，この回線がふさがっていれば，空くまで待ち行列をつくるものとする。到着時間間隔もサービス時間の分布もともに指数分布とする。平均待ち時間 t_w が平均伝送時間 t_s の 5 倍以内となるための ρ の条件を求めよ。

3. 窓口が一つの店があり，客が平均 5 分間隔でポアソン到着する。また，窓口の平均サービス時間は 3 分の指数分布とする。客は窓口がふさがっているときは，空くまで待ち行列に入るとする。このとき，つぎの問いに答えよ。

    (a) 店内で待っている客の数の平均 L_q は何人か。

    (b) 客が店に入ってから窓口でサービスを開始されるまでの待ち時間の平均 W_q は何分か。

    (c) 客が店に入ってからサービスを受けて店を出るまでの時間の平均 W は何分か。

    (d) 店内の客の数の平均 L は何人か。

4. 窓口が二つの店があり，客が平均 2.5 分間隔でポアソン到着する。また，窓口の平均サービス時間は 3 分の指数分布とする。客は窓口がふさがっているときは，空くまで待ち行列に入るとする。このとき，つぎの問いに答えよ。

    (a) 店内で待っている客の数の平均 L は何人か。

    (b) 客が店に入ってから窓口でサービスを開始されるまでの待ち時間の平均 W_q は何分か。

    (c) 客が店に入ってからサービスを受けて店を出るまでの時間の平均 W は何分か。

    (d) 店内の客の数の平均 L は何人か。

5. 窓口が一つの店があり，客が平均 2.5 分間隔でポアソン到着する。また，窓口の平均サービス時間は 1.5 分の指数分布とする。客は窓口がふさがっているときは，空くまで待ち行列に入るとする。このとき，つぎの問いに答えよ。

(a) 店内で待っている客の数の平均 L_q は何人か。

(b) 客が店に入ってから窓口でサービスを開始されるまでの待ち時間の平均 W_q は何分か。

(c) 客が店に入ってからサービスを受けて店を出るまでの時間の平均 W は何分か。

(d) 店内の客の数の平均 L は何人か。

8 出生死滅過程

本章のねらい 出生死滅過程は非負整数を値にもつ確率過程 $Y(t)$ で，その値が変化するときは，値が一つ増えるか，一つ減るか，一方だけが許される確率過程のことである。$Y(t)$ を動物などの数と考えると，一つ増えることは誕生に相当し，一つ減るときは死亡に相当するので，出生死滅過程と呼ばれている。

出生死滅過程は M/M/c などの待ち行列モデルの一つの一般形と考えられる。ここでは，出生死滅過程について議論しよう。

8.1 出生死滅過程の一般的性質

まず，出生死滅過程について，一般的に成り立つ事柄を学習する。単純な，純粋出生過程，純粋死滅過程について議論し，ついで一般の出生死滅過程について学習する。

8.1.1 純粋出生過程

出生死滅過程 $Y(t)$ において，$Y(t)$ の値が減ることはない場合を考えよう。これを純粋出生過程という。人数 $Y(t)$ が n のときに 1 人増えるのに要する時間は平均が $1/\lambda_n$ となる指数分布に従うものとする。S_n で $Y(t) = n$ になってから $Y(t) = n+1$ になるまでの時間を表すものとすると

$$t_n = \sum_{j=0}^{n-1} S_j \tag{8.1}$$

が $Y(t) = n$ となる時刻を表す。ただし、$Y(0) = 0$ とする。S_j がたがいに独立であるとすると

$$E(t_n) = \sum_{j=0}^{n-1} E(S_j) = \sum_{j=0}^{n-1} \frac{1}{\lambda_j} \tag{8.2}$$

となる。以下では任意の n について

$$\sum_{j=0}^{\infty} \frac{1}{\lambda_j} = \infty \tag{8.3}$$

となる場合を考えよう。これは有限時間で $Y(t)$ が発散しないことを意味する。S_j がたがいに独立な指数分布に従うことから

$$Var(t_n) = \sum_{j=0}^{n-1} Var(S_j) = \sum_{j=0}^{n-1} \frac{1}{\lambda_j^2} \tag{8.4}$$

となることがわかる。さて、$P_n = P(Y(t) = n)$ の従う微分方程式は

$$\left. \begin{aligned} \frac{dP_0(t)}{dt} &= -\lambda_0 P_0(t) \\ \frac{dP_1(t)}{dt} &= -\lambda_1 P_1(t) + \lambda_0 P_0(t) \\ &\cdots \\ \frac{dP_n(t)}{dt} &= -\lambda_n P_n(t) + \lambda_{n-1} P_{n-1}(t) \end{aligned} \right\} \tag{8.5}$$

となる。ただし、$P_0(0) = 1, P_1(0) = P_2(0) = \cdots = P_n(0) = \cdots = 0$ である。式 (8.5) の最初の式は初期条件 $P_0(0) = 1$ により簡単に解けて

$$P_0(t) = e^{-\lambda_0 t} \tag{8.6}$$

となることがわかる。あとは、式 (8.5) の残りの式を n の小さいほうから大きいほうへ順に初期条件 $P_n(0) = 0, (n \geq 1)$ のもとで解いていけばよい。これは一般にはそんなに容易なことではない。解ける例を示そう。

例 8.1 $\lambda_0 = \lambda_1 = \lambda_2 = \cdots = \lambda$ のときはポアソン過程が得られる。

少し、複雑な場合としてつぎの場合に解ける。

例 8.2 $\lambda_n = n\beta > 0$ のときには

$$P_n(t) = e^{-\beta t}(1-e^{-\beta t})^{n-1} \tag{8.7}$$

と求められることが知られている。

8.1.2 純粋死滅過程

N を大きな正の整数とする。$Y(0) = N$ からスタートして，$Y(t)$ が減る方向だけに変化する出生死滅過程を純粋死滅過程という。$Y(t) = n$ になってから $Y(t) = n-1$ までの時間が平均 $1/\mu$ の指数分布に従うものとする。このとき，S_n^* で $Y(t) = n$ になってから $Y(t) = n-1$ になるまでの時間を表すものとすると

$$t_n = \sum_{j=n+1}^{N} S_j^* \tag{8.8}$$

が $Y(t) = n$ となる時刻を表す。ただし，$Y(0) = N$ とする。S_j^* がたがいに独立であるとすると

$$E(t_n) = \sum_{j=n+1}^{N} E(S_j^*) = \sum_{j=n+1}^{N} \frac{1}{\mu_j} \tag{8.9}$$

となる。S_j^* がたがいに独立な指数分布に従うことから

$$Var(t_n) = \sum_{j=n+1}^{N} Var(S_j^*) = \sum_{j=n+1}^{N} \frac{1}{\mu_j^2} \tag{8.10}$$

となることがわかる。さて，$P_n = P(Y(t) = n)$ に従う微分方程式は

$$\left.\begin{aligned}
\frac{dP_N(t)}{dt} &= -\mu_N P_N(t) \\
\frac{dP_{N-1}(t)}{dt} &= -\mu_{N-1}P_{N-1}(t) + -\mu_N P_N(t) \\
&\cdots \\
\frac{dP_n(t)}{dt} &= -\mu_n P_n(t) + \mu_{n+1} P_{n-1}(t) \\
&\cdots \\
\frac{dP_0(t)}{dt} &= -\mu_1 P_1(t)
\end{aligned}\right\} \tag{8.11}$$

となる。ただし，$P_N(0) = 1$，$P_{N-1}(0) = P_{N-2}(0) = \cdots = P_1(0) = 0$ である。式 (8.11) の最初の式は初期条件 $P_N(0) = 1$ により簡単に解けて

104　　8. 出生死滅過程

$$P_N(t) = e^{-\mu_N t} \tag{8.12}$$

となることがわかる。あとは，式 (8.11) の残りの式を N の大きいほうから小さいほうへ順に初期条件 $P_n(0) = 0, (N-1 \geq n \geq 0)$ のもとで解いていけばよい。これは一般にはそんなに容易なことではないが，例えば，$\lambda_n = n\alpha > 0$ のときには

$$P_n(t) = \frac{N!}{n!(N-n)!} e^{-n\alpha t}(1 - e^{-\alpha t})^{N-n} \tag{8.13}$$

と求められることが知られている。

8.1.3　出生死滅過程

人数 $Y(t)$ が n のときに 1 人増えるまでの時間間隔は平均 $1/\lambda_n$ の指数分布に従い，1 人死亡するまでの時間間隔は平均 $1/\mu_n$ の指数分布に従う出生死滅過程を考える。$P_n = P(Y(t) = n)$ の従う微分方程式は

$$\left.\begin{aligned}
\frac{dP_0(t)}{dt} &= -\lambda_0 P_0(t) + \mu_1 P_1(t) \\
\frac{dP_1(t)}{dt} &= \lambda_0 P_0(t) - (\lambda_1 + \mu_1)P_1(t) + \mu_2 P_2(t) \\
&\cdots \\
\frac{dP_n(t)}{dt} &= \lambda_{n-1} P_{n-1}(t) - (\lambda_n + \mu_n)P_n(t) + \mu_{n+1} P_{n+1}
\end{aligned}\right\} \tag{8.14}$$

となる。ただし，$P_0(0) = 1, P_1(0) = P_2(0) = \cdots = P_n(0) = \cdots = 0$ である。式 (8.14) を一般に解くことは難しい。そこで，$dP_n(t)/dt = 0$ がすべての n で成立しているとして定常状態の解を求める。これは式 (8.14) から

$$\left.\begin{aligned}
0 &= -\lambda_0 P_0(t) + \mu_1 P_1(t) \\
0 &= \lambda_0 P_0(t) - (\lambda_1 + \mu_1)P_1(t) + \mu_2 P_2(t) \\
&\cdots \\
0 &= \lambda_{n-1} P_{n-1}(t) - (\lambda_n + \mu_n)P_n(t) + \mu_{n+1} P_{n+1}(t)
\end{aligned}\right\} \tag{8.15}$$

と求められる。ただし，$P_n = \lim_{t \to \infty} P_n(t)$ とする。また，図的には図 **8.1** よりも Flow–in=Flow–out の関係から求めることもできる。すなわち n 番目の接点において，Flow–in= $\lambda_{n-1} P_{n-1} + \mu_{n+1} P_{n+1}$ で Flow–out= $(\lambda_n + \mu_n)P_n(t)$ であるから Flow–in=Flow–out として

8.1 出生死滅過程の一般的性質

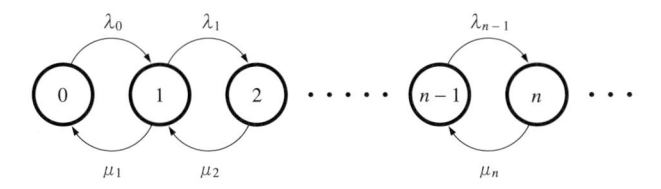

図 8.1 出生死滅過程

$$\lambda_{n-1}P_{n-1}(t) + \mu_{n+1}P_{n+1} = (\lambda_n + \mu_n)P_n(t) \tag{8.16}$$

が導かれる．これは大域的な平衡条件である．

さて，このような平衡条件は定常状態では任意の閉じた境界上でも成り立つ．このことから，図 8.2 の点線を境界として，ここに入るフローと出るフローが等しくなければならないこともわかる．

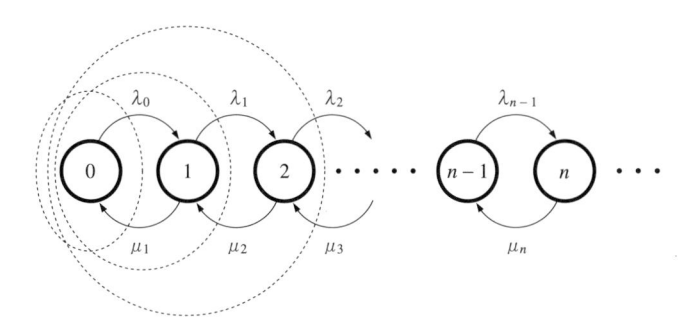

図 8.2 詳細平衡の式の導出のための図

これより

$$\lambda_0 P_0 = \mu_1 P_1, \quad \lambda_1 P_1 = \mu_2 P_2, \quad \lambda_2 P_2 = \mu_3 P_3, \cdots \tag{8.17}$$

一般的に

$$\lambda_n P_n = \mu_{n+1} P_{n+1} \tag{8.18}$$

が成り立つことがわかる．式 (8.18) は詳細平衡の方程式と呼ばれる．これから

$$P_{n+1} = \frac{\lambda_n}{\mu_{n+1}} P_n \tag{8.19}$$

がわかる．したがって

$$\left.\begin{array}{l}\theta_0 = 1, \\ \theta_n = \dfrac{\lambda_0 \lambda_1 \cdots \lambda_{n-1}}{\mu_1 \mu_2 \cdots \mu_n}\end{array}\right\} \tag{8.20}$$

として

$$P_n = \theta_n P_0 \tag{8.21}$$

となることがわかる。

$$\sum_{n=0}^{\infty} P_n = 1 \tag{8.22}$$

から

$$P_0 = \frac{1}{1 + \displaystyle\sum_{n=1}^{\infty} \theta_n} \tag{8.23}$$

となることがわかる。ただし，P_0 が存在するためには

$$\sum_{n=0}^{\infty} \theta_n < \infty \tag{8.24}$$

とならなければならない。これは，定常状態が存在するための条件となる。このときさらに

$$\sum_{n=0}^{\infty} \frac{1}{\lambda_n \theta_n} = \infty \tag{8.25}$$

ならば系はエルゴード的であることが知られている (このような量を考えたのは Kleinrock)。式 (8.25) が成り立つための十分条件としてはある n_0 が存在して，$n \geq n_0$ を満たす任意の n について

$$\frac{\lambda_n}{\mu_{n+1}} < 1 \tag{8.26}$$

が満たされればよいことが知られている。

8.2 出生死滅過程となる待ち行列

出生死滅過程の応用として，いろいろな待ち行列を解析してみる。

8.2.1 M/M/1/K

まず，M/M/1/K を考える．これはシステムの窓口がふさがっているとき $K-1$ 人まで待つことができるシステムである．K 人目からは即時式のときのように，系内にはいることができず，退却しなければならない．出生死滅過程において

$$\left. \begin{array}{l} \lambda_n = \left\{ \begin{array}{ll} \lambda & (0 \leq n \leq K-1) \\ 0 & (K \leq n) \end{array} \right. \\ \mu_n = \left\{ \begin{array}{ll} \mu & (1 \leq n \leq K) \\ 0 & (K+1 \leq n) \end{array} \right. \end{array} \right\} \qquad (8.27)$$

と置いたことに相当する．この場合は，系には必ず定常状態が存在し，エルゴード的である．したがって，定常状態では

$$P_n = \left\{ \begin{array}{ll} P_0 \rho^n & (0 \leq n \leq K) \\ 0 & (K < n) \end{array} \right. , \quad \rho = \frac{\lambda}{\mu} \qquad (8.28)$$

となる．ただし，P_0 は式 (8.29) で表されるものとする．

$$P_0 = \frac{1-\rho}{1-\rho^{K+1}} \qquad (8.29)$$

8.2.2 M/M/1/–/K

つぎに M/M/1/–/K を考える．これはシステムにやってくる母集団の人口が K 人である場合である．明らかに，システムには $K-1$ 人以上の待ちまでしかできない．これは出生死滅過程において

$$\lambda_n = \left\{ \begin{array}{ll} \lambda(K-n) & (0 \leq n \leq K-1) \\ 0 & (K \leq n) \end{array} \right. \qquad (8.30)$$

$$\mu_n = \left\{ \begin{array}{ll} \mu & (1 \leq n \leq K) \\ 0 & (K+1 \leq n) \end{array} \right. \qquad (8.31)$$

と置いたことに相当する．この場合は，系には必ず定常状態が存在し，エルゴード的である．したがって，定常状態では

108   8. 出生死滅過程

$$P_n = \begin{cases} P_0 \rho^n \dfrac{K!}{(K-n)!} & (0 \leq n \leq K) \\ 0 & (K < n) \end{cases} , \quad \rho = \dfrac{\lambda}{\mu} \tag{8.32}$$

となることがわかる。ただし

$$P_0 = \dfrac{1}{\displaystyle\sum_{n=0}^{K} \rho^n \dfrac{K!}{(K-n)!}} \tag{8.33}$$

である。

8.2.3 M/M/s/s/n

Engset系と呼ばれるM/M/s/s/nを考えよう。これは損失系で，M/M/s/sにおいて，電話を持っているユーザの総数が有限であるというモデルである（この条件は本来当然ではある）。客の到着時間間隔が平均 $1/\lambda$ の指数分布で，サービス時間分布が平均 $1/\mu$ の指数分布であるとする。$a = \lambda/\mu$ とする。

〔**1**〕 s が n 以上の場合　　まず，$n = 1$ の場合 M/M/s/s/1 を考えよう。$s > 1$ とする。到着率が λ のポアソンで，サービス時間が平均 $1/\mu$ の指数分布であるとする。M/G/1/1 のときの解析と同様にして，システムに客がいるときと，いないときが一つのサイクルをなす。システムに客がいるときの平均滞在時間は $1/\mu$ で，その客が退出したのち，新しい客が来るまでの時間は，無記憶性から $1/\lambda$ となる。したがって，客のいない確率 P_0 は

$$P_0 = \dfrac{\dfrac{1}{\lambda}}{\dfrac{1}{\mu} + \dfrac{1}{\lambda}} = \dfrac{1}{1+a} \tag{8.34}$$

となる。ただし，$a = \lambda/\mu$ である。また，客がシステムにいる確率 P_1 は

$$P_0 = \dfrac{\dfrac{1}{\mu}}{\dfrac{1}{\mu} + \dfrac{1}{\lambda}} = \dfrac{a}{1+a} \tag{8.35}$$

となる。また，1サイクルの平均時間が

$$\dfrac{1}{\mu} + \dfrac{1}{\lambda} \tag{8.36}$$

で，実効到着率は

$$\frac{1}{\frac{1}{\mu}+\frac{1}{\lambda}} = P_0\lambda \tag{8.37}$$

であり，スループット率は

$$P_1 = \frac{a}{1+a} \tag{8.38}$$

であることがわかる。

〔2〕**M/M/s/s/n**　$0 \leq s \leq n$ の場合を考えよう。N_t を時刻 t でシステム内にいる客の数とする。n 人は，すべて到着率 λ でシステムに到着するとしよう。また，各窓口のサービス時間は平均 $1/\mu$ の指数分布であるとしよう。$N_t = j$，すなわち，系に客が j 人いるとする。ただし，$j < s$ とする。このとき，系に新たな客が入るまでの時間間隔は平均値 $1/(n-j)\lambda$ の指数分布をなす。よって

$$\lambda_j = \begin{cases} (n-j)\lambda & (0 \leq j < s) \\ 0 & j = s \end{cases} \tag{8.39}$$

一方，$N_t = j$ のとき，窓口には j 人の客がいて，それぞれ平均 $1/\mu$ のサービス時間で退却するので

$$\mu_j = j\mu, \quad (0 \leq j \leq s) \tag{8.40}$$

である。図 **8.3** の破線の位置での Flow-in=Flow-out 関係式から

$$(n-j+1)\lambda P_{j-1} = j\mu P_j, \quad (j=1,2,\cdots,s) \tag{8.41}$$

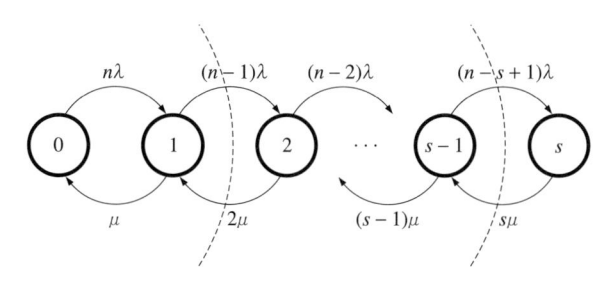

図 **8.3**　M/M/s/s/n

が成り立つ。式 (8.41) より

$$P_j = \frac{(n-j+1)(n-j+2)\cdots(n-1)n}{j(j-1)\cdots 2 \cdot 1} a^j P_0 = {}_n C_j a^j P_0 \quad (8.42)$$

を得る。規格化条件

$$\sum_{j=0}^{s} P_j = 1 \quad (8.43)$$

より

$$P_j = \frac{{}_n C_j a^j}{\sum_{k=1}^{s} {}_n C_k a^k} \quad (8.44)$$

を得る。式 (8.44) より，定常状態で，システムの窓口がすべてふさがっており，新たな客が入れない時間の比率 (time blocking) は

$$E_n(s, a) = \frac{{}_n C_s a^s}{\sum_{k=1}^{s} {}_n C_k a^k} \quad (8.45)$$

となる。

演 習 問 題

1. M/M/∞/–/K を考える。これはシステムの窓口の数は無限大であるが，システムにやってくる母集団の人口が K 人である場合である。これを出生死滅過程ととらえて，定常状態の分布を求めよ。

9 ポラチェック–ヒンチンの公式

本章のねらい サービス時間の分布が一般分布である場合を考えよう。到着がランダムであっても，処理時間が一定であるような場合はよくみられる。そのような場合を含むように，M/M/1 の理論を拡張することが目的である。特に，M/G/1 の特徴として，平均待ち時間や，平均系内客数などは平均値解析によって M/M/1 と同様に導出することができる。

9.1 M/G/1 の平均値解析

M/G/1 においても，M/M/1 と同様，リトルの公式と PASTA が成り立つ。このことを利用して，M/M/1 と同様に平均値解析法で M/G/1 の特性を調べよう。$\rho = \lambda E(B)$ とする。ただし，B はサーバでのサービス時間を表す確率変数で，ρ はサーバで客がサービスを受けている確率である。PASTA により，これは新しい客がシステムに入ってきたときに，サーバで先客がサービスを受けている確率となる。R をサーバでサービスを受けている客の残りサービス時間 (サービスが終了するまでの残り時間) を表す確率変数とする。L_q で待ち行列に並んでいる客の平均の数を表すものとする。新しく入ってきた客がサービスを受けはじめるまでに待つ時間の平均を W とすると

$$W = L_q E(B) + \rho E(R) \qquad (9.1)$$

が成り立つことがわかる。さて，リトルの公式により

$$L_q = \lambda W \qquad (9.2)$$

であるから，式 (9.2) を式 (9.1) に代入して W について解くと

$$W = \frac{\rho E(R)}{1-\rho} \tag{9.3}$$

を得る．式 (9.3) はポラチェック–ヒンチンの公式と呼ばれる．**定理 3.4** で求めたように

$$E(R) = \frac{E(B^2)}{2E(B)} = \frac{\sigma_B^2 + E(B)^2}{2E(B)} = \frac{1}{2}(c_B^2 + 1)E(B) \tag{9.4}$$

である．

W が求まると，スループットタイム S は

$$S = W + E(B) \tag{9.5}$$

と求められる．さらに，M/G/1 システム内の客の数の平均 L は

$$L = L_q + \rho \tag{9.6}$$

で与えられる．

9.2 ポラチェック–ヒンチンの公式の導出

ポラチェック–ヒンチンの公式はたいへん重要な公式であるので，前節とは違う導き方を二つ示そう．違う角度からの導出によって理解がより深まる．

9.2.1 ポラチェック–ヒンチンの公式の導出 II

M/G/1 システムに i 番目の客が到着したとき，サービスを受けている客の残りサービス時間を R_i とする．また，i 番目の客のサービス時間を B_i とし，サービスを受けるために列に並んでいる客の数を L_i とする．このとき，i 番目の客がサービスを受けるまでに待つ時間を W_i とすると

$$W_i = R_i + \sum_{j=i-L_i}^{i-1} B_j \tag{9.7}$$

両辺の平均を取ると

9.2 ポラチェック–ヒンチンの公式の導出

$$E(W_i) = E(R_i) + E\left\{\sum_{j=i-L_i}^{i-1} B_j\right\} = E(R_i) + E(L_i)E(B_i) \quad (9.8)$$

となる。$\lim_{i\to\infty} E(W_i) = W$, $\lim_{i\to\infty} E(L_i) = L_q$ と書くことにすると，$\lim_{i\to\infty} E(B_i)$
$= E(B) = 1/\mu$ より

$$W = R + \frac{1}{\mu}L_q \quad (9.9)$$

となる。ただし，R はシステムに客が入ってきたときにサービスを受けている客のサービスの残り時間の平均である。ここで，リトルの公式

$$L_q = \lambda W \quad (9.10)$$

より式 (9.9) は

$$W = R + \frac{1}{\mu}(\lambda W) \quad (9.11)$$

となる。よって

$$W = \frac{R}{1-\rho} \quad (9.12)$$

が導かれる。

ここで，R を計算してみよう。図 **9.1** のように，$r(t)$ を時間 t においてサービスを受けている客の残りサービス時間とする。

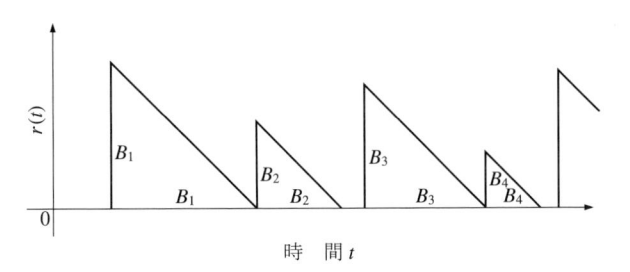

図 **9.1** $r(t)$ のグラフ

また，$N(t)$ を時間 $(0, t]$ の間にサービスを受けた客の数を表すものとする。このとき，図 **9.1** から

$$\int_0^t r(s)ds = \sum_{i=1}^{N(t)} \frac{1}{2}B_i^2 \quad (9.13)$$

がわかる。両辺を t で割って

$$\frac{1}{t}\int_0^t r(s)ds = \frac{1}{t}\sum_{i=1}^{N(t)}\frac{1}{2}B_i^2 = \frac{N(t)}{t}\frac{1}{N(t)}\sum_{i=1}^{N(t)}\frac{1}{2}B_i^2 \qquad (9.14)$$

を得る。ここで、$t \to \infty$ とすると

$$\lim_{t\to\infty}\frac{1}{t}\int_0^t r(s)ds = \lim_{t\to\infty}\frac{N(t)}{t}\lim_{t\to\infty}\frac{1}{N(t)}\sum_{i=1}^{N(t)}\frac{1}{2}B_i^2 \qquad (9.15)$$

を得る。

$$\left.\begin{array}{l}\displaystyle\lim_{t\to\infty}\frac{N(t)}{t}=\lambda, \\ \displaystyle\lim_{t\to\infty}\frac{1}{N(t)}\sum_{i=1}^{N(t)}B_i^2 = E(B^2)\end{array}\right\} \qquad (9.16)$$

となることに注意すれば、式 (9.15) は

$$R = \lambda \frac{E(B^2)}{2} \qquad (9.17)$$

を与える。式 (9.17) を式 (9.12) に代入して

$$E(W) = \frac{\lambda E(B^2)}{2(1-\rho)} = \frac{\rho}{1-\rho}\frac{E(B^2)}{2E(B)} = \frac{\lambda^2\sigma^2 + \rho^2}{2\lambda(1-\rho)} \qquad (9.18)$$

を得る。ただし、σ は分散である。式 (9.18) はポラチェック–ヒンチンの公式にほかならない。この公式から、M/G/1 の平均待ち時間はサービス時間 B の平均と分散で決まることがわかる。

以上から、M/G/1 システムに客が入って、サービスを受け終わるまでの時間の平均 S とシステム内の客の数の平均 L は

$$\left.\begin{array}{l}S = W + E(B) \\ L = \lambda S = L_q + \rho\end{array}\right\} \qquad (9.19)$$

となることがわかる。

ポラチェック–ヒンチンの公式 (9.18) に現れる係数 $\rho/(1-\rho)$ のグラフを図 **9.2** に描いた。この図から、ρ が 1 に近づくと、急速に客の平均待ち時間が長くなることがわかる。客の待ち時間を長くするのを防ぐには次の三つの手段があることがわかる。

1. 平均到着率 λ を小さくする。これは、客の数を減らすことに相当する。
2. 平均サービス時間 $E(B)$ を短くする。

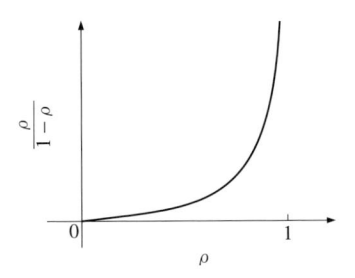

図 **9.2** $\rho/(1-\rho)$ のグラフ

3. サービス時間分布を一定分布に近づける。

ここで，サービス時間が一定分布 D の場合を調べよう。この場合 $\sigma_B = 0$ であるから，式 (9.18) から

$$\left.\begin{array}{ll} W = \dfrac{\rho}{1-\rho}\dfrac{E(B)}{2}, & L_q = \dfrac{\rho^2}{2(1-\rho)} \\ S = \dfrac{1}{1-\rho}\dfrac{E(B)}{2} + E(B), & L = \rho + \dfrac{\rho}{2(1-\rho)} \end{array}\right\} \quad (9.20)$$

となる。

つぎにサービス時間が指数分布の場合を考える。この場合 $\sigma_B = E(B)$ であるから，式 (9.18) から

$$\left.\begin{array}{ll} W = \dfrac{\rho}{1-\rho}E(B), & L_q = \dfrac{\rho^2}{1-\rho} \\ S = \dfrac{1}{1-\rho}E(B) & L = \dfrac{\rho}{1-\rho} \end{array}\right\} \quad (9.21)$$

となる。

9.2.2 ポラチェック–ヒンチンの公式の導出 III

M/G/1 を考える。B をサービス時間として，$E(B) = 1/\mu$ で $E(B^2) < \infty$ とする。$W(t)$ を時刻 t においてシステムにいる客がまだこれからシステムに滞在する時間の総和とする (残り滞在時間の総和)。B_i, W_i をそれぞれ i 番目の客のサービス時間と待ち時間とする。$N(t)$ を客の到着の計数過程とすると

$$\frac{1}{T}\int_0^T W(s)ds = \frac{1}{T}\sum_{i=0}^{N(t)} A_i \quad (9.22)$$

ただし，例えば A_2 は図 **9.3** の斜線部分の面積である。

9. ポラチェック–ヒンチンの公式

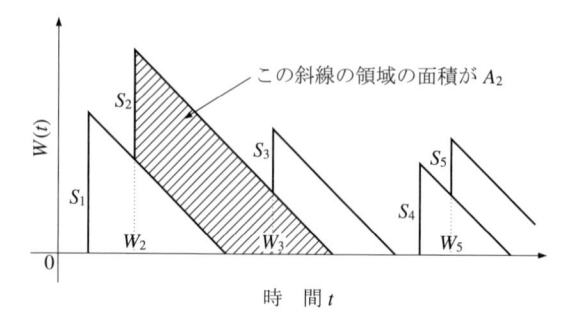

図 **9.3** ポラチェック–ヒンチンの公式の導出

また，一般に
$$A_i = \frac{B_i^2}{2} + B_i W_i \tag{9.23}$$
とする。式 (9.22) において $T \to \infty$ とすると
$$W = \lim_{T \to \infty} \int_0^T W(s)ds \tag{9.24}$$
とおけば
$$W = \lim_{T \to \infty} \frac{N(T)}{T} \frac{1}{N(T)} \sum_{i=0}^{N(T)} \left(\frac{B_i^2}{2} + B_i W_i \right)$$
$$= \lambda \left\{ \frac{1}{2} E(B^2) + E(\text{システムに入ってきた客が待つ時間}) E(B) \right\}$$
$$= \lambda \left\{ \frac{1}{2} E(B^2) + E(W) E(B) \right\} \quad (\text{PASTA により}) \tag{9.25}$$
となる。よって，$\rho = \lambda/\mu$ とすれば
$$W = \frac{\lambda E(B^2)}{2(1 - \lambda E(B))} \tag{9.26}$$
を得る。

演 習 問 題

1. ドライブスルーが (一つ) あるハンバーガーショップに，平均 1 時間に 30 台の車が買いにくるとする。各車が窓口で買い物をして立ち去るまでに 0 分から 3 分の間に一様分布しているとする。車の到着がポアソン過程でモデル化できるとしてつぎの問いに答えよ。

(a) 車が列についてから，サービスを開始されるまで平均何分待たされるか。また，列に並び始めてから買い終わるまでは平均何分か。

(b) 列の車とサービスを受けている車の合計は平均何台か。

10 待ち行列ネットワーク

本章のねらい 健康診断のとき，内科検診，レントゲン，肝臓の超音波検診など，いろいろな箇所を巡っていって，必要な箇所を回り終わると，健康診断が終わる，というような形態をとることが多い．この場合，内科検診などの項目ごとに，順番につきサービスを受けることになる．似たような状況は，情報ネットワークや計算機システム，生産システムなどにもみられる．ここでも客やジョブは待ち行列システムでモデル化される節点をたどりながら，サービスを受けるというモデルが有効となる．待ち行列ネットワークは節点が待ち行列で，それらがネットワークとして接続されたものである．

本章では，待ち行列ネットワークの解法について学習し，その基本的な性質を明らかにする．

10.1 待ち行列ネットワークの理論へ

本節では，待ち行列ネットワーク理論がつくられるきっかけを与えたBurkeの定理に関する議論から始めて，簡単な待ち行列の例を解析する．

10.1.1 Burkeの定理

1957年，ジャクソン (Jackson, J. K.) は，特定の待ち行列ネットワーク (ジャクソンの待ち行列網，以下ジャクソン網という) は非常にきれいで単純な形の解 (積型の解) をもつことを示した「ジャクソンの定理」を述べた論文を

公表した[†]。ジャクソン網のクラスは，いろいろな待ち行列ネットワークを含むことと，詳細な解析ができるので，待ち行列ネットワークを調べるために，たいへん重要である。

ジャクソンが待ち行列ネットワークの研究を行うきっかけとなったのは，つぎの Burke の定理であるといわれている。

定理 10.1 (Burke の定理)

到着率が λ で，サービス終了率が μ の M/M/s システムが $\lambda < \mu s$ で平衡状態にあるときは，その出力過程は到着率が λ のポアソン過程となる。

Burke, P. J. は，この定理を 1956 年に公表した[††]。

以下，議論を簡単にするために，M/M/1 を節点とする待ち行列ネットワークを考え，Burke の定理を定常状態にある M/M/1 について証明する。

|証明| 場合分けをして考える。

(a) システム内の客の数が 1 以上のとき：現在サービスを受けている客がサービス終了率 μ のポアソン分布で出発する。

(b) システム内の客の数が 0 のとき：まず，客の到着を待ち，そしてその客がサービスを受け始めてから，受け終わって出発することによって，システムから客が出発することになる。T_1 を客の到着を待つ時間を表す確率変数，T_2 をその客がサービスを受け始めてから，受け終わって出発するまでの時間を表す確率変数とする。このときつぎの式が成り立つ。

$$\begin{aligned}
P(T_1 + T_2 = t) &= \int_0^t P(T_1 = s) P(T_2 = t-s) ds \\
&= \int_0^t \lambda e^{-\lambda s} \mu e^{-\mu(t-s)} ds \\
&= \frac{\lambda \mu}{\lambda - \mu}(e^{-\mu t} - e^{-\lambda t}) \quad (10.1)
\end{aligned}$$

さて，システム内の客の数が 0 となる確率は $1 - \lambda/\mu$ である。よって，D を

[†] Jackson, J. K.: Networks of waiting lines, Operations Research, **5**, pp.518-521, (1957)

[††] Burke, P. J.: The Output of a Queueing System, Operations Research, **4**, pp.699-704, (1956)

出発する客の時間間隔を表す確率変数とすると

$$P(D=t) = \frac{\mu - \lambda}{\mu} \frac{\lambda \mu}{\lambda - \mu}(e^{-\mu t} - e^{-\lambda t}) + \frac{\lambda}{\mu}\mu e^{-\mu t} \tag{10.2}$$

となる。これを整理すると

$$P(D=t) = \lambda e^{-\lambda t} \tag{10.3}$$

を得る。これは到着率 λ のポアソン分布となる。 ♠

こうして，M/M/1 のときは Burke の定理が成り立つことがわかった。

10.1.2　M/M/1 の 2 段直列接続

ジャクソン網について一般的に定義する前に，最も簡単で典型的なジャクソン網となる図 **10.1** のような M/M/1 の 2 段の直列接続になったシステムを考える。ただし，節点 i のサービス時間を μ_i とする。節点 1 が平衡状態をもつための条件は $\lambda < \mu_1$ である。このとき，節点 1 は節点 2 に影響されないから，M/M/1 の理論により

$$P(N_t^1 = m) = \left(\frac{\lambda}{\mu_1}\right)^m \left(1 - \frac{\lambda}{\mu_1}\right) \tag{10.4}$$

となる。

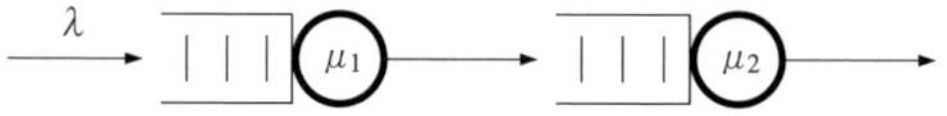

図 10.1　M/M/1 の 2 段の直列接続

M/M/1 の出力過程は，それが定常状態にあるとき，Burke の定理より生起率 λ のポアソン過程となるので，$\lambda/\mu_2 < 1$ ならば，節点 2 も定常状態が存在し，式 (*10.5*) が得られる。

$$P(N_t^2 = n) = \left(\frac{\lambda}{\mu_2}\right)^n \left(1 - \frac{\lambda}{\mu_2}\right) \tag{10.5}$$

では，結合分布はどうなるか。答えは，驚くべきことに

$$P(N_t^1 = m, N_t^2 = n)$$
$$= \left(\frac{\lambda}{\mu_1}\right)^m \left(1 - \frac{\lambda}{\mu_1}\right)\left(\frac{\lambda}{\mu_2}\right)^n \left(1 - \frac{\lambda}{\mu_2}\right) \tag{10.6}$$

10.1 待ち行列ネットワークの理論へ

となる。この結果はつぎのようにして証明できる。このシステムが平衡状態にあるとしてその状態方程式を書くとつぎのようになる。

$$\left.\begin{aligned}
&(\lambda + \mu_1 + \mu_2)\,P(k_1, k_2) \\
&\quad = \lambda\,P(k_1-1, k_2) + \mu_1\,P(k_1+1, k_2-1) \\
&\qquad + \mu_2\,P(k_1, k_2+1) \\
&\quad (k_1 = 1, 2, \cdots,\ k_2 = k_1, k_2 \cdots) \\
&(\lambda + \mu_1)P(k_1, 0) \\
&\quad = \lambda P(k_1-1, 0) + \mu_2 P(k_1, 1) \\
&\quad (k_1 = 1, 2, \cdots,\ k_2 = 0) \\
&(\lambda + \mu_2)P(k_1, k_2) \\
&\quad = \mu_1 P(1, k_2-1) + \mu_2 P(0, k_2+1) \\
&\quad (k_1 = 0,\ k_2 = k_1, k_2 \cdots) \\
&\lambda P(0,0) = \mu_2 P(0, 1),\quad (k_1 = k_2 = 0)
\end{aligned}\right\} \quad (10.7)$$

この状態方程式を大域平衡方程式 (global balance equation) といい，その状態遷移図を図 **10.2** に示す。

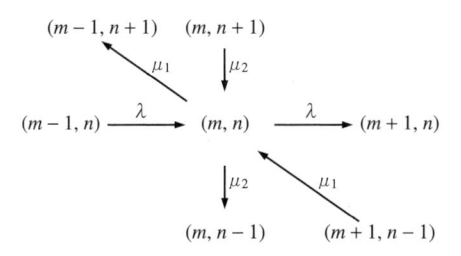

図 **10.2** 状態遷移図 (大域平衡)

式 (10.7) の解としてつぎのような積形解 (product form solution) を示そう。

$$P(k_1, k_2) = G \left(\frac{\lambda}{\mu_1}\right)^{k_1} \left(\frac{\lambda}{\mu_2}\right)^{k_2} \tag{10.8}$$

ただし，G は規格化定数で

$$G = \left(1 - \frac{\lambda}{\mu_1}\right)\left(1 - \frac{\lambda}{\mu_2}\right) \tag{10.9}$$

となる。M/M/1 では

となる。よって

$$P(k_i) = G_i \left(\frac{\lambda}{\mu_i}\right)^{k_i}, \quad G_i = \left(1 - \frac{\lambda}{\mu_i}\right), \quad (i=1,2) \qquad (10.10)$$

となる。よって

$$P(k_1, k_2) = P(k_1) P(k_2) \qquad (10.11)$$

が成り立つ。なぜ，このような解が存在するのか。それをみるには，解が

$$\left.\begin{array}{ll} (a) & \lambda P(k_1, k_2) = \mu_2 P(k_1, k_2 + 1) \\ (b) & \mu_2 P(k_1, k_2) = \mu_1 P(k_1 + 1, k_2 - 1) \\ (c) & \mu_1 P(k_1, k_2) = \lambda P(k_1 - 1, k_2) \end{array}\right\} \qquad (10.12)$$

を満たすことに着目する。式 (10.12) が成り立つのは解の形から簡単に確かめることができる。

式 (10.12) の両辺をすべて足し合わせると式 (10.7) の第 1 式を得る。これは (10.7) の第 2, 第 3 式でも同様に成り立つ。式 (10.12) を局所平衡方程式 (local balance equation) といい，その状態遷移図を図 **10.3** に示す。

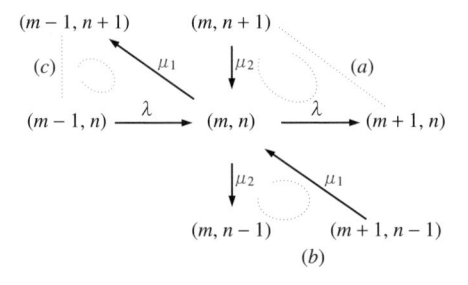

図 **10.3** 状態遷移図 (局所平衡)

局所平衡方程式が成り立つことが積形の解が存在する理由である。すなわち，式 (10.12) の (a) と (c) はそれぞれ，M/M/1 の平衡状態の解の形を決める式である。これから，$P(k_1, k_2)$ はそれぞれ k_1 または k_2 を固定したとき，M/M/1 の解の形をすることが導かれる。これは

$$\left.\begin{array}{l} P(k_1, k_2) = F_1(k_1) \left(\dfrac{\lambda}{\mu_2}\right)^{k_2} \\[2mm] P(k_1, k_2) = F_2(k_2) \left(\dfrac{\lambda}{\mu_1}\right)^{k_1} \end{array}\right\} \qquad (10.13)$$

を表している。ただし，$F_i(k_i)$ は変数 k_i の関数を意味する。よって

$$P(k_1, k_2) = G \left(\frac{\lambda}{\mu_1}\right)^{k_1} \left(\frac{\lambda}{\mu_2}\right)^{k_2} \tag{10.14}$$

であることがわかる。式 (10.14) は式 (10.12) の (b) を自動的に満たしていることも代入によって確かめられる。

10.1.3 二つの M/M/1 の並列系

ジャクソン網のもう一つの例として，図 **10.4** のような M/M/1 の並列待ち行列系を考える。すなわち，節点 i のサービス時間を μ_i とする。節点 i には外部から，到着率 λ_i で客が到着する。また，節点 i でのサービスを受けて節点 i を出る客は確率 p_i で他の節点を訪れ，確率 $1 - p_i$ で外部に出るものとする。$1 > p_i > 0, \ (i = 1, 2)$ としておく。

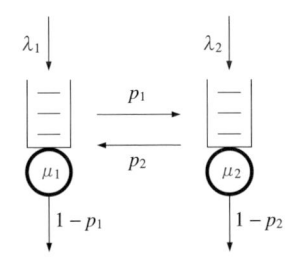

図 **10.4** M/M/1 の並列待ち行列系

このシステムの待ち行列が無限に長くならず，定常状態が存在する条件を考えよう。$r_i, \ (i = 1, 2)$ を節点 i を訪れる客の到着率の長時間平均としよう。すなわち，r_i は外から到着する客と他の節点から到着する客の和である。平衡状態にあるとすると

$$r_1 = \lambda_1 + p_2 r_2, \quad r_2 = \lambda_2 + p_1 r_1 \tag{10.15}$$

が成り立つはずである。この連立方程式の解 r_1, r_2 が

$$r_i < \mu_i, \ (i = 1, 2) \tag{10.16}$$

を満たしていることが，定常状態の存在条件であることが容易に予想されるし，

少しあとで実際にそうであることが証明される。ここで例をあげよう。
$$\lambda_1 = 1, \quad \mu_1 = 2.5, \quad p_1 = 0.5, \quad \lambda_2 = 2, \quad \mu_2 = 3.5, \quad p_2 = 0.4$$
の場合を考える。これらのパラメータを入れて式 (10.15) を書いてみると

$$\begin{pmatrix} 1 & -0.4 \\ -0.5 & 1 \end{pmatrix} \begin{pmatrix} r_1 \\ r_2 \end{pmatrix} = \begin{pmatrix} 1 \\ 2 \end{pmatrix} \tag{10.17}$$

となる。これを解くと

$$r_1 = 2.25 < \mu_1 = 2.5, \quad r_2 = 3.125 < \mu_2 = 3.5 \tag{10.18}$$

となり,定常状態の存在のための条件を満たしている。

式 (10.16) が満たされているとき,定常解は $\rho_i = r_i/\mu_i, \ (i = 1, 2)$ として
$$p(m, n) = (1 - \rho_1)(1 - \rho_2) \rho_1^m \rho_2^n \tag{10.19}$$

で与えられるというのがジャクソンの定理である。この定理の証明は**定理 10.2** でもっと一般的な形で与えるのでここでは省略する。

10.2 M/M/1 の開ジャクソン網

節点が K 個の M/M/1 である開ジャクソン網を考えよう。それはつぎのように定義される。

1. 各節点は M/M/1 である。節点は全部で K 個あるとする。
2. 節点 i には外部から到着率 λ_i での到着がある。
3. 節点 i でのサービスを受け終わった客は,節点 i から節点 $j (\neq i)$ へランダムに確率 $p(i, j)$ で移動する。ここで

$$q(i) = 1 - \sum_{j=1}^{K} p(i, j) \tag{10.20}$$

とする。これは,ネットワークの外部へ出て行く確率である。どの節点 i に入った客も,ネットワークの外部に出て行く確率はゼロではないとする。このようにネットワークの外との間に客の出入りがあるネットワークを開いたネットワークという。

10.2.1 ジャクソンの定理

まず，開ジャクソン網の定常確率分布が解析的に陽に求められることを示すジャクソンの定理を示そう。

定理 10.2 (ジャクソンの定理)

$$r_j = \lambda_j + \sum_{i=1}^{K} r_i\, p(i,j), \quad (j=1,2,\cdots,K) \tag{10.21}$$

の解が

$$r_j < \mu_j, \quad (j=1,2,\cdots,K) \tag{10.22}$$

を満たしているとき，$\rho_j = r_j/\mu_j$ として

$$p(n_1, n_2, \cdots, n_K) = \prod_{j=1}^{K} (1-\rho_j)\, \rho_j^{n_j} \tag{10.23}$$

と定常分布が求められる。$r_i,\ (i=1,2,\cdots)$ は節点 i に客が訪れる定常的な到着率である。

証明 ジャクソンの定理を証明しよう。

$$\phi_i(n) = \mu_i \min\{n, 1\} \tag{10.24}$$

とすると，これは各節点に客が n 人いたときの，客が出て行く確率となる。$r_i,\ (i=1,2,\cdots)$ を節点 i に客が訪れる定常的な到着率であるとする。

$$r_j = \lambda_j + \sum_{i=1}^{K} r_i p(i,j), \quad (j=1,2,\cdots,K) \tag{10.25}$$

の解が存在して $r_i < \mu_i$ を満たしているとする。$\rho_j = r_j/\mu_j$ として

$$p(n_1, n_2, \cdots, n_K) = \prod_{j=1}^{K} (1-\rho_j)\, \rho_j^{n_j} \tag{10.26}$$

のように定常分布が求められることを証明しよう。$n = (n_1, n_2, \cdots, n_K)$ とする。A_j を節点 j の客を到着によって1人増やす演算子としよう。また，D_j を節点 j の客を出発によって1人減らす演算子としよう。さらに，T_{jk} を節点 j から k へ客が移動することを表す演算子としよう。

平衡状態では，n の状態から出ていく確率は，入ってくる確率に等しい。これを式で表すとつぎのようになる。

$$p(n)\left(\sum_{k=1}^{K} p(n, A_k n) + \sum_{j=1}^{K} p(n, D_j n) + \sum_{j=1}^{K}\sum_{k=1}^{K} p(n, T_{jk} n)\right)$$

$$= \sum_{k=1}^{K} p(A_k n)\, p(A_k n, n) + \sum_{k=1}^{K} p(D_j n)\, p(D_j n, n)$$

$$+ \sum_{j=1}^{K}\sum_{k=1}^{K} p(T_{jk} n)\, p(T_{jk} n, n) \tag{10.27}$$

式 (10.27) は，つぎの方程式系が満たされれば満たされる．

$$p(n)\sum_{k=1}^{K} p(n, A_k n) = \sum_{k=1}^{K} p(A_k n)\, p(A_k n, n) \tag{10.28}$$

および各 j について

$$p(n)\left(p(n, D_j n) + \sum_{k=1}^{K} p(n, T_{jk} n)\right)$$

$$= p(D_j n)\, p(D_j n, n) + \sum_{k=1}^{K} p(T_{jk} n)\, p(T_{jk} n, n) \tag{10.29}$$

まず，式 (10.29) から考える．$n_j = 0$ であると式 (10.29) の両辺はゼロになる．したがって，$n_j > 0$ とする．

$$p(n, D_j n) = \phi_j(n_j)\, q(j), \quad p(n, T_{jk} n) = \phi_j(n_j)\, p(j, k) \tag{10.30}$$

および

$$p(D_j n, n) = \lambda_j, \quad p(T_{jk} n, n) = \phi_k(n_k + 1)\, p(k, j) \tag{10.31}$$

より，式 (10.29) は

$$p(n)\,\phi_j(n_j)\left(q(j) + \sum_{k=1}^{K} p(j, k)\right)$$

$$= p(D_j n)\lambda_j + \sum_{k=1}^{K} p(T_{jk} n)\,\phi_k(n_k + 1)\, p(k, j) \tag{10.32}$$

となる．$q(j)$ の定義の式 (10.20) より

$$q(j) + \sum_{k=1}^{K} p(j, k) = 1 \tag{10.33}$$

である．ここで，式 (10.32) の左辺に，解の式 (10.26) を代入してみると

$$p(n)\,\phi_j(n_j) = \left(\prod_{j=1}^{K}\left(1 - \frac{r_j}{\mu_j}\right)\left(\frac{r_j}{\mu_j}\right)^{n_j}\right)\mu_j$$

$$= \left(\prod_{j=1}^{K}\left(1 - \frac{r_j}{\mu_j}\right)\left(\frac{r_j}{\mu_j}\right)^{\hat{n}_j}\right) r_j = p(\hat{n})\, r_j \tag{10.34}$$

となる．ただし，$\hat{n} = D_j n$ である．

ここで，式 (10.32) の右辺を計算しよう．これが式 (10.34) に一致すれば証明ができたことになる．まず，$i \neq k$ に対して $(T_{jk}n)_i = \hat{n}_i$ であり，$(T_{jk}n)_k = \hat{n}_k + 1 = n_k + 1$ であることを用いると

$$p(T_{jk}n) = p(\hat{n})\frac{r_k}{\mu_k} \tag{10.35}$$

である．これから，式 (10.32) の右辺は $\lambda_j + \sum r_k\, p(k,j) = r_j$ より

$$p(\hat{n})\,\lambda_j + p(\hat{n})\sum_{k=1}^{K} r_k\, p(k,j) = p(\hat{n})\, r_j \tag{10.36}$$

となる．こうして式 (10.29) が示された．

つぎに，$p(A_k n) = p(n) r_k / \mu_k$ に注目すると，式 (10.28) は

$$p(n)\sum_{k=1}^{K}\lambda_k = p(n)\sum_{k=1}^{K}\frac{r_k}{\mu_k}\mu_k\, q(k) \tag{10.37}$$

となる．式 (10.25) を $j=1$ から K まで加えると，式 (10.20) より

$$\sum_{j=1}^{K} r_j = \sum_{j=1}^{K}\lambda_j + \sum_{k=1}^{K} r_k \sum_{j=1}^{K} p(k,j)$$

$$= \sum_{j=1}^{K}\lambda_j + \sum_{k=1}^{K} r_k - \sum_{k=1}^{K} r_k\, q(k) \tag{10.38}$$

となる．これから

$$\sum_{k=1}^{K} r_k\, q(k) = \sum_{j=1}^{K}\lambda_j \tag{10.39}$$

を得る．よって式 (10.37) が成り立つことがわかる． ♠

10.2.2　ジャクソン網の平均的な振舞い

ノード i における平均滞在ジョブ数 N_i は

$$N_i = \frac{\rho_i}{1-\rho_i}, \quad (i=1,2,\cdots,K) \tag{10.40}$$

となる．よって，ネットワーク内のジョブ総数の期待値は

$$N = \sum_{i=1}^{K} N_i \tag{10.41}$$

で与えられる．ジョブのネットワークでの平均滞在時間を T と表す．

$$\lambda = \sum_{i=1}^{K}\lambda_i \tag{10.42}$$

とすると，リトルの公式より

$$N = \lambda T \tag{10.43}$$

が成り立つ．よって，ジョブのネットワークでの平均滞在時間 T は

$$T = \frac{N}{\lambda} = \frac{1}{\lambda} \sum_{i=1}^{K} \frac{\rho_i}{1-\rho_i} \tag{10.44}$$

となる．

ノード i においてジョブが来たとき，各ノードごとに費やす時間の平均を T_i とすると，リトルの公式から

$$T_i = \frac{N_i}{\lambda_i} = \frac{1}{\mu_i(1-\rho_i)} = \frac{1}{\mu_i - \lambda_i} \tag{10.45}$$

を得る．ジョブがネットワークに滞在しているとき，あるノード i にいる場合に最終的にネットワークから出て行くまでの残余時間の平均を R_i と表すと

$$R_i = T_i + \sum_{j=1}^{K} p(i,j) R_j, \quad (i = 1, 2, \cdots, K) \tag{10.46}$$

が成り立つ．この連立一次方程式を解くことにより，R_i が決定される．

ジョブがネットワーク滞在中にノード i を訪問する回数の期待値を v_i とすると

$$v_i = \frac{r_i}{\lambda}, \quad (i = 1, 2, \cdots, K) \tag{10.47}$$

が成り立つ．

一つのジョブがノード i から 1 回当りに受ける処理量の平均は $1/\mu_i$ であるので，ネットワーク滞在中にノード i から受ける処理量の総量 D_i は

$$D_i = \frac{v_i}{\mu_i} = \frac{\rho_i}{\lambda}, \quad (i = 1, 2, \cdots, K) \tag{10.48}$$

となる．実際のシステムでは D_i と λ が測定しやすいことがある．式 (10.48) はこの二つの量から ρ_i が求められることがわかる．ρ_i が求められると，各ノードの平均ジョブ数は

$$N_i = \frac{\rho_i}{1-\rho_i} \tag{10.49}$$

で与えられる．また，システム内でのジョブの平均滞在時間 T は

$$T = \frac{1}{\lambda} \sum_{i=1}^{K} \frac{\rho_i}{1-\rho_i} \tag{10.50}$$

のように表され，さらに，システム内でのジョブ平均滞在数が

$$N = \sum_{i=1}^{K} \frac{\rho_i}{1-\rho_i} \qquad (10.51)$$

のように表される．また，一つのジョブがネットワークに滞在中に，ノード i で過ごす総時間の平均を B_i とすると

$$B_i = v_i T = \frac{v_i}{\mu_i(1-\rho_i)} = \frac{D_i}{1-\rho_i} \qquad (10.52)$$

となる．

(注) T_i や R_i は D_i のみからは求められない．

10.2.3 最適なサービス時間の割当て

開ジャクソン網においてサービス時間の総和を

$$\sum_{i=1}^{K} \mu_i = C \qquad (10.53)$$

のように一定とし，ジャクソン網内の客の平均滞在時間を最小にする問題を考えよう．リトルの公式から，これは網内の平均客数を最小にする問題になる．

$$N = \sum_{i=1}^{K} \frac{r_i}{\mu_i - r_i} = \min!, \quad \sum_{i=1}^{K} \mu_i = C \qquad (10.54)$$

ラグランジェ(Lagrange) の乗数法により，式 (10.54) は

$$H = \sum_{i=1}^{K} \frac{r_i}{\mu_i - r_i} + \gamma \left(\sum_{i=1}^{K} \mu_i - C \right) \qquad (10.55)$$

を μ_i を変化させることにより最小化する拘束条件のない問題に変形され

$$\frac{\partial H}{\partial \mu_i} = \frac{r_i}{(\mu_i - r_i)^2} + \gamma = 0 \qquad (10.56)$$

を解く問題に帰着することになる．これから

$$\mu_i = r_i + \sqrt{\frac{r_i}{\gamma}} \qquad (10.57)$$

を得る．式 (10.57) を式 (10.53) に代入すると

$$\sum_{i=1}^{K} \left(r_i + \sqrt{\frac{r_i}{\gamma}} \right) = C \qquad (10.58)$$

となり，これから

$$\frac{1}{\sqrt{\gamma}} = \frac{C - \sum_{i=1}^{K} r_i}{\sum_{i=1}^{K} \sqrt{r_i}} \tag{10.59}$$

となることがわかる．こうして最適な μ_i は

$$\mu_i = r_i + \sqrt{r_i} \frac{C - \sum_{i=1}^{K} r_i}{\sum_{i=1}^{K} \sqrt{r_i}} \tag{10.60}$$

と与えられることがわかる．

演 習 問 題

1. 図 **10.5** に示す M/M/1 を節点とする開いた待ち行列ネットワークを考える．

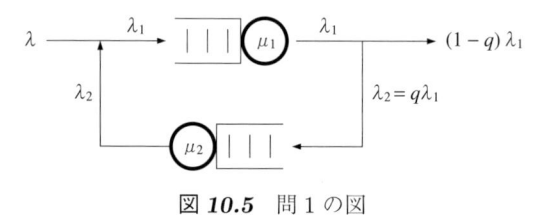

図 **10.5** 問 1 の図

このネットワークが定常状態にあるとして，つぎの問いに答えよ．

(a) λ_1 と λ_2 を求めよ．

(b) 定常状態分布 $p(n_1, n_2)$ を求めよ．

(c) 節点 $1, 2$ における平均客数 N_1 と N_2 を求めよ．

(d) 客のネットワークにおける平均滞在時間 T を求めよ．

参 考 文 献

　本書を執筆するに当たり，内外の多くの文献から多大の影響を受けた．教科書としての性格から，原著論文はここには引用しないが，本文中には，オリジナルなアイディアを与えた重要な論文を示した．
　つぎに，本書を読むのに参考になる手に入りやすい日本語の参考書について簡単に紹介しよう．
　待ち行列理論へのやさしい入門(理論的には深い)を含み，待ち行列の理論をさらに広く混雑の理論にまで拡張したつぎの著書は味わい深い．
［1］高橋幸雄，森村英典：混雑と待ち，経営科学のニューフロンティア 7，朝倉書店 (2001)
　　また
［2］森村英典，大前義次：応用待ち行列理論，日科技連 (1975)
もよい著書である．
　トラヒック理論の応用としては
［3］秋丸春夫，川島幸之助：〔改訂版〕情報通信トラヒック — 基礎と応用 —，電気通信協会 (2000)
がある．
　数学的に厳密かつ率保存則など著者の深い研究に裏打ちされた
［4］宮沢政清：確率と確率過程，近代科学社 (1993)
はやはり良い著書である．
　つぎの著書は，トラヒック理論を実際のマルチメディア通信に適用しようとした意欲的な著書であるが，難しい．
［5］川島幸之助，町原文明，高橋敬隆，斎藤　洋：通信トラヒック理論の基礎とマルチメディア通信網，電子情報通信学会 (1995)

演習問題の解答

(1 章)

1. 部分積分による。

2. $0 \leqq E[(X-m_1)^2] = m_2 - m_1^2$ による。

3. $P(X_i > t) = e^{\lambda_i t}$ より
$$P(\min\{X_1, X_2\} > t) = P(X_1 > t)P(X_2 > t) = e^{(\lambda_1+\lambda_2)t}$$
を得る。

(2 章)

1. 標準偏差

2. 平均 λ/k, 分散 k/λ^2

3. 略

(3 章)

1. 略

2. バスが都市に着く時刻の列が再生過程をなすと考えられる。2 都市間の距離は 100km であるから, $R_n = 100$ と考える。バスがある都市から他の都市へ移動する平均時間間隔は
$$E(X) = \frac{1}{2} \times \frac{100}{50} + \frac{1}{2} \times \frac{100}{100} = 1.5 \text{ 時間}$$
である。よって, 再生–報酬定理から
$$\lim_{t\to\infty} \frac{R(t)}{t} = \frac{E(R)}{E(X)} = \frac{100}{1.5} = 66.66\cdots$$
を得る。すなわち, このバスは平均時速 $66.66\cdots$km/h で走行する。

(4 章)

1. つぎの式変形による。

演 習 問 題 の 解 答   **133**

$$p_{ij}(n+m)$$
$$= P(X_{n+m} = j | X_0 = i)$$
$$= \sum_{k \in E} P(X_{n+m} = j | X_m = k, X_0 = i) \, P(X_m = k | X_0 = i)$$
$$= \sum_{k \in E} P(X_{n+m} = j | X_m = k) \, P(X_m = k | X_0 = i)$$
$$= \sum_{k \in E} P(X_n = j | X_0 = k) \, P(X_m = k | X_0 = i)$$
$$= \sum_{k \in E} p_{kj}(n) \, p_{ik}(m)$$

2. Scilab で解を求めるプロセスをつぎに示す。

```
-->P=[0.1,0.1,0.8;0.5,0.3,0.2;0.9,0.05,0.05];
-->S=P';
-->T=eye(3,3)-S;
-->T(3,1:3)=ones(1,3);
-->b=[0;0;1];
-->x=T\b;
-->p=x';
 p  =
 !   .4781022    .0985401    .4233577 !
```

これが解になっていることは，つぎのように確認される。

```
-->p-p*P;
 ans =
    1.0E-16 *
 ! - .5551115  - .1387779    0. !
```

また，P^{100} を計算してみると

```
-->P^100
 ans =
 !   .4781022    .0985401    .4233577 !
 !   .4781022    .0985401    .4233577 !
 !   .4781022    .0985401    .4233577 !
```

となることからも確認される。

3. Scilab で解く過程をつぎに示す。ただし，S は問 2 と同じ行列とする。

```
-->T=eye(3,3)-S;
-->[L U]=lu(T)
 U =
!   .9    - .5      - .9       !
!   0.    - .6444444   .15     !
!   0.      0.      - 1.388E-16 !
 L =
!   1.        0.      0.  !
! - .1111111 - 1.     1.  !
! - .8888889   1.     0.  !
-->S=U(1:2,1:2);
-->b=-U(1:2,3);
-->y=S\b;
-->z=[y;1];
-->x=z/(z'*ones(3,1))
 x =
!   .4781022 !
!   .0985401 !
!   .4233577 !
```

4. 反復法を用いて Scilab で解く過程をつぎに示す。ただし，T は問 2 と同じ行列とする。

```
-->F=-triu(T,1);
-->DE=tril(T);
-->x=[1;1;1];
-->x=DE\(F*x)
 x =
!   1.5555556 !
!    .2936508 !
!   1.3717627 !
-->x=DE\(F*x)
 x =
!   1.5349021 !
!    .3172548 !
!   1.3593396 !
-->x=DE\(F*x)
```

```
         x  =
         !    1.5355922  !
         !     .3164660  !
         !    1.3597547  !
     -->x=DE\(F*x)
         x  =
         !    1.5355692  !
         !     .3164924  !
         !    1.3597409  !
     -->x=DE\(F*x)
         x  =
         !    1.53557    !
         !     .3164915  !
         !    1.3597413  !
     -->x=x/sum(x)
         x  =
         !     .4781022  !
         !     .0985401  !
         !     .4233577  !
```

(5 章)

1. PASTA のもう少し一般的かつ直感的な別の証明を与えよう。

   (a) 二つの時刻を考えよう。一つは客の到着時刻で，もう一つは任意の観察時刻とする。前者を t_a，後者を t_o とする。

   (b) 時刻 t_a に到着した客とその前に到着した客の到着時間間隔は指数分布となる。また，無記憶性から時刻 t_o より前に到着した最後の客の到着時刻と t_o との時間間隔の分布も同じ平均値の指数分布となる。

   (c) これをもっと前の客についても適用していくと，結局，t_a より前の到着分布と t_o より前の到着分布は同じ分布になる。

   (d) ある時刻 t でのシステム内の状態は，確率的にはその時刻より前に到着した客の分布にのみ依存する。

   (e) したがって，t_a より前の到着と，t_o より前の到着が同じ確率的な性質を持つので，PASTA が成り立つ。

(**6 章**)

1. Scilab のプログラムを示す。このプログラムの名前を `ErlBF.sci` とする。

   ```
   function p=E_SF(s,a)
     p=1;
     for i=1:s,
        p=1+(i*p)/a;
     end;
     p=1/p;
   ```

   このプログラムの実行例を示そう。

   ```
   -->getf('C:\Sci\ErlBF.sci');
   -->getf('C:\Sci\ErlB.sci');
   -->s=3;
   -->a=2;
   -->p=E_SF(s,a)
    p  =
         .2105263
   -->q=E_S(s,a)
    q  =
         .2105263
   ```

2. 問 1 で作成したプログラム `ErlBF.sci` を用いて計算する。

   ```
   -->p=E_SF(5,2)
    p  =
         .0366972
   -->p=E_SF(6,2)
    p  =
         .0120846
   ```

   より、五つのモデムのシステムのとき約 3.7 %、六つのモデムのシステムのとき約 1.2 % である。

3. 本文中のプログラム `NQ.sci` を用いる。Scilab で計算する。

   ```
   -->getf('C:\Sci\NQ.sci')
   -->getf('C:\Sci\ErlBF.sci');
   ```

```
-->a=2;
-->n=NQ(0.01,a)
 n  =
    7.
-->p=E_SF(n,a)
 p  =
   .0034409
-->p=E_SF(n-1,a)
 p  =
    .0120846
```

より，七つのモデムがあればよい．

(7 章)

1. 待ち時間を小さくするには

    (a) $a = \lambda/\mu$ を小さくする．すなわち，客の数を減らすか，平均サービス時間を短くする．

    (b) 到着時間やサービス時間のばらつきを減らす．

    (c) 複数窓口にする．

    などの方策が有効である．

2. $$t_w = \frac{\rho}{1-\rho} t_s$$
   であるから，$\rho/(1-\rho) < 5$ が条件となる．これから $(0 \leq)\rho < 5/6$ が条件となる．

3. 客のポアソン到着の平均強度 λ は $\lambda = 60/5 = 12$ 人/時間である．窓口の平均サービス時間 $1/\mu$ は $3/60 = 0.05$ 時間である．よって，窓口の占有率は $\rho = \lambda/\mu = 12 \times 0.05 = 0.6$ となる．$\rho < 1$ より定常状態が存在する．つぎに定常状態での平均を計算する．

    (a) $L_q = \dfrac{\rho^2}{1-\rho} = \dfrac{0.6^2}{1-0.6} = 0.9$ 人

    (b) $W_q = \dfrac{L_q}{\lambda} = \dfrac{0.9}{12} \times 60 = 4.5$ 分

    (c) $W = W_q + \dfrac{1}{\mu} = 4.5 + \dfrac{3}{60} \times 60 = 7.5$ 分

    (d) $L = \lambda W = 12 \times \dfrac{7.5}{60} = 1.5$ 人

4. 客のポアソン到着の平均強度 λ は $\lambda = 60/2.5 = 24$ 人/時間である。窓口の平均サービス時間 $1/\mu$ は $3/60 = 0.05$ 時間である。よって，$a = \lambda/\mu = 24 \times 0.05 = 1.2$ となる。$\rho = \lambda/2\mu < 1$ より定常状態が存在する。つぎに定常状態での平均を計算する。

(a) $L_q = \dfrac{a^2}{2+a} \dfrac{a}{2-a} = \dfrac{a^3}{4-a^2} = \dfrac{1.2^3}{4-1.2^2} = 0.675\,0$ 人

(b) $W_q = \dfrac{L_q}{\lambda} = \dfrac{0.675\,0}{24} \times 60 = 1.687\,5$ 分

(c) $W = W_q + \dfrac{1}{\mu} = 1.687\,5 + \dfrac{3}{60} \times 60 = 4.687\,5$ 分

(d) $L = \lambda W = 24 \times \dfrac{4.687\,5}{60} = 1.875$ 人

5. 客のポアソン到着の平均強度 λ は $\lambda = 60/2.5 = 24$ 人/時間である。窓口の平均サービス時間 $1/\mu$ は $1.5/60 = 0.025$ 時間である。よって，窓口の占有率は $\rho = \lambda/\mu = 24 \times 0.025 = 0.6$ となる。$\rho < 1$ より定常状態が存在する。つぎに定常状態での平均を計算する。

(a) $L_q = \dfrac{\rho^2}{1-\rho} = \dfrac{0.6^2}{1-0.6} = 0.9$ 人

(b) $W_q = \dfrac{L_q}{\lambda} = \dfrac{0.9}{24} \times 60 = 2.25$ 分

(c) $W = W_q + \dfrac{1}{\mu} = 2.25 + \dfrac{1.5}{60} \times 60 = 3.75$ 分

(d) $L = \lambda W = 24 \times \dfrac{3.75}{60} = 1.5$ 人

(8 章)

1. 明らかに，システムには $K-1$ 人以上の待ちまでしかできない。これは出生死滅過程において

$$\lambda_n = \begin{cases} \lambda(K-n) & (0 \leq n \leq K-1) \\ 0 & (K \leq n) \end{cases}$$

$$\mu_n = \begin{cases} n\mu & (1 \leq n \leq K) \\ 0 & (K+1 \leq n) \end{cases}$$

と置いたことに相当する。この場合は，系には必ず定常状態が存在し，エルゴード的である。したがって，定常状態では

$$P_n = \begin{cases} P_0 \rho^n \dfrac{K!}{(K-n)!\,n!} & (0 \leq n \leq K) \\ 0 & (K < n) \end{cases}, \quad \rho = \dfrac{\lambda}{\mu}$$

となることがわかる。ただし

$$P_0 = \frac{1}{\sum_{n=0}^{K} \rho^n \dfrac{K!}{(K-n)!\,n!}} = \frac{1}{(1+\rho)^K}$$

である。この場合にはシステム内にいる客の数の平均は

$$\overline{N} = \frac{K\rho}{1+\rho}$$

と計算される。

(9 章)

1. (a) 車の到着率は 60 分間に 30 台なので $\lambda = 30/60 = 0.5\,\mathrm{erl}$ である。一方，平均サービス時間は 1.5 分である。よって，$1/\mu = 1.5$ である。これから，$\rho = \lambda/\mu = 0.5 \times 1.5 = 0.75$ となる。

$$E(B^2) = \frac{1}{3}\int_0^3 s^2 ds = \left[\frac{s^3}{3}\right]_0^3 = 3$$

よって，ポラチェック–ヒンチンの公式から平均待ち時間 W_q は

$$W_q = \frac{\rho}{1-\rho}\frac{E(B^2)}{2E(B)} = \frac{0.75}{1-0.75} \times \frac{3}{3} = 3\ \text{分}$$

を得る。すなわち，待ち時間は 3 分である。また，サービスを受けるのは平均 1.5 分であるから，列に並び始めてから，ハンバーグを買い終わるまでの平均時間 S は

$$S = 3 + 1.5 = 4.5\ \text{分}$$

となる。

(b) 列を作っている車とサービスを受けている車の合計の平均台数 L はリトルの公式から

$$L = \lambda S = 0.5 \times 4.5 = 2.25\ \text{台}$$

となる。

(10 章)

1. (a) $\lambda_1 = \lambda + \lambda_2, \quad \lambda_2 = q\lambda_1$

 より

$$\lambda_1 = \frac{\lambda}{1-q}, \quad \lambda_2 = \frac{\lambda q}{1-q}$$

(b) $p(n_1, n_2) = (1-\rho_1)\rho_1^{n_1}(1-\rho_2)\rho_2^{n_2}$ となる。ただし，$\rho_i = \lambda_i/\mu_i$ である。

(c) $N_i = \dfrac{\rho_i}{(1-\rho_i)}, \quad (i=1,2)$

(d) $T = \dfrac{\rho_1}{\lambda_1(1-\rho_i)} + \dfrac{\rho_2}{\lambda_2(1-\rho_i)}$

索　　　引

【あ】

アーラン　　　　　　　72, 75
　　──の第一公式　　　75
　　──の遅延システムの
　　　　解析　　　　　　97
アーランB式　　　　　　78
アーランC式　　　　　　95
　　──の特性　　　　　96
アーラン分布　　21, 75, 93

【い】

位相κのアーラン分布　　21
一時的　　　　　　　　　44
入り線　　　　　　　　　85

【う】

打ち切られたポアソン分布
　　　　　　　　　　　　75
　　──のグラフ　　　　76

【え】

エルゴード的　　　　44, 106
　　──なマルコフ過程　44

【か】

開ジャクソン網　　　　124
概収束　　　　　　　　　26
確率　　　　　　　　　　3
確率過程　　　　　　　　10
確率空間・　　　　　　　3
確率測度　　　　　　　　3
確率分布関数　　　　　　4
確率変数　　　　　　　　4
確率密度関数　　　　　　5
過渡状態を記述する方程式
　　　　　　　　　　　　72
関数方程式によるポアソン
　　分布の導出　　　　　15

【き】

幾何分布　　　　　　　　8
希少性　　　　　　　　　11
期待値　　　　　　　　　6
既約　　　　　　　　　　43
極限分布　　　　　　　　51
局所平衡方程式　　　　122

【け】

計数過程　　　　　　　　24
ケンドールの記法　　　　64

【こ】

呼　　　　　　　　　　　85
合成積　　　　　　　　　6
呼損　　　　　　　　　　85
呼損率　　　　　　　85, 86
呼輻輳　　　　　　　　　80
コールブロック　　　　　71

【さ】

再帰性　　　　　　　　　44
再生過程　　　　　　　　25
再生定理　　　　　　26, 28
再生-報酬定理　　　　　33
最適なサービス時間の
　　割当　　　　　　　129
サービス時間分布に対する不
　感性　　　　　　　　　83
サービスの規範　　　　　64
サービス窓口の数　　　　64

【し】

時間定常性　　　　　　　41
時間輻輳　　　　　　　　80
事象　　　　　　　　　　2
指数分布　　　　　　　　18
　　──のマルコフ性　　20

【き】

システムに来る客の数　　64
システムの容量　　　　　64
ジャクソン　　　　　　118
　　──の定理　　118, 125
ジャクソン網　　　　　124
　　──の平均的な振舞い
　　　　　　　　　　　127
ジャンプ率　　　　　　　58
周期　　　　　　　　　　43
周期的　　　　　　　　　43
出生死滅過程　　　　　104
純粋死滅過程　　　　　103
純粋出生過程　　　　　101
条件付き確率　　　　　　4
条件付き期待値　　　　　8
初等再生定理　　　　　　28
処理時間分布モデル　　　63

【す】

裾野分布　　　　　　　　6
スモールオーダ　　　　　11
スループットタイムの分布
　　　　　　　　　　　　93

【せ】

正再帰的　　　　　　　　44
積形解　　　　　　　　121
積事象　　　　　　　　　3
遷移確率　　　　　　42, 58
遷移確率行列　　　　　　42
漸化式　　　　　　　　　78
占有率　　　　　　　68, 69

【そ】

相互到達可能　　　　　　43
即時式　　　　　　　　　66
損失　　　　　　　　　　71
損失確率　　　　　　　　71

索引

【た】
大域平衡方程式　121
大群化効果　83
待時式　66
大数の強法則　28
タイムブロック　71
多項分布　17
単位分布　22

【ち】
チャップマン-コルモゴロフ
　の方程式　41, 58
超指数分布　22
直接解法　52, 54

【つ】
通過した客の数　80

【て】
定常　41
定常状態での解析　94
定常状態の分布　73
出線　85
点過程　23

【と】
到達可能　43
同値関係　43
到着時間間隔分布モデル　63
特性関数　7
特性測度　69
トラヒック輻輳　81
トラヒックブロック　71
トラヒック理論　3

【に】
二項分布　12, 13

【は】
ニュートン法　81
倍精度浮動小数点数　46
反復解法　56

【ひ】
非周期的　43
左極限　25
微分方程式によるポアソン
　分布の導出　14
標準偏差　7
標本　1
標本空間　1

【ふ】
負荷曲線　81
二つの M/M/1 の並列系　123
分散　7

【へ】
平均値　7
平均値解析　92
平均値解析法　111
平衡方程式　50
　――の解法　60
ヘビサイドのステップ関数
　　18
変動係数　8

【ほ】
ポアソン　12
　――の定理　13
ポアソン過程　10
ポアソン分布　11, 75
　――のグラフ　49
　――の合流　16
　――の分流　17

補分布　6
ポラチェック-ヒンチンの
　公式　112, 114, 115

【ま】
マーク付き点過程　25
待ち行列　62
　――の解析　68
待ち行列システム　62
マルコフ過程　41
マルコフ性　20
マルコフ連鎖のグラフ　42

【み】
右連続性　25

【む】
無記憶　20

【よ】
呼び　85
余命　29

【り】
離散時間型マルコフ連鎖　41
離散的な確率変数　5
リトルの公式　35, 38
利用率　69, 83

【れ】
零再帰的　44
連続時間マルコフ過程　57
連続的な確率変数　5

【わ】
和事象　2

Burke の定理　118, 119
Cox 分布　22
FCFS　64
Flow-in＝Flow-out の関係　104
Flow-in＝Flow-out 方程式　51
Flow-out＝Flow-in 方程式　74
$H = \lambda G$　36, 38
LCFS　64
LCFS-PR　64
LU 分解　54
MATLAB　45
M/G/1　111

M/G/1/1	*84*	M/M/S, FCFSの待ち		ROP	*66*
M/G/s	*65*	時間分布	*97*	RR	*64*
M/G/s/∞/∞/FCFS	*65*	M/M/s/∞/∞/FCFS	*65*	Scilab	*45*
M/M/1	*88*	M/M/s(n)	*65*	——の基本機能	*46*
——の2段直列接続	*120*	M/M/S/S	*71*	——のホームページ	*46*
——の特性	*91*	——の解析	*71*	——を使ったグラフの	
——の平衡分布	*89*	M/M/s/s	*65*	書き方	*48*
M/M/1/K	*107*	M/M/s/s/n	*108*	SEPT	*64*
M/M/1/-/K	*107*	M/M/s/s+n	*65*	SERPT	*64*
M/M/∞/-/K	*110*	Palm	*80*	SPT	*64*
M/M/S	*94*	PASTA	*66*	SRPT	*64*
M/M/s	*65*	——の証明	*67*	TeX文書	*49*
M/M/s(0)	*65*	PS	*64*	time blocking	*110*

──著者略歴──

- 1976年　早稲田大学理工学部電子通信学科卒業
- 1981年　早稲田大学大学院博士後期課程修了（電子通信学専攻）
  　　　　工学博士（早稲田大学）
- 1984年　早稲田大学助教授
- 1989年　早稲田大学教授
- 2024年　早稲田大学栄誉フェロー，早稲田大学名誉教授

待ち行列理論
Queueing Theory　　　　　　　　　　　　　　　　© Shin'ichi Oishi 2003

2003年 5 月12日　初版第 1 刷発行
2025年 3 月30日　初版第 5 刷発行

	著　者	大　石　進　一
検印省略	発行者	株式会社　コロナ社
	代表者	牛　来　真　也
	印刷所	壮光舎印刷株式会社
	製本所	株式会社　グリーン

112-0011　東京都文京区千石4-46-10
発行所　株式会社　コロナ社
CORONA PUBLISHING CO., LTD.
Tokyo Japan
振替00140-8-14844・電話(03)3941-3131(代)
ホームページ　https://www.coronasha.co.jp

ISBN 978-4-339-06073-7　　C3041　　Printed in Japan　　　　　　　（大井）

〈出版者著作権管理機構　委託出版物〉
本書の無断複製は著作権法上での例外を除き禁じられています．複製される場合は，そのつど事前に，出版者著作権管理機構（電話 03-5244-5088，FAX 03-5244-5089，e-mail: info@jcopy.or.jp）の許諾を得てください．

本書のコピー，スキャン，デジタル化等の無断複製・転載は著作権法上での例外を除き禁じられています．購入者以外の第三者による本書の電子データ化および電子書籍化は，いかなる場合も認めていません．
落丁・乱丁はお取替えいたします．

コンピュータサイエンス教科書シリーズ

(各巻A5判，欠番は品切または未発行です)

■編集委員長　曽和将容
■編集委員　　岩田　彰・富田悦次

	配本順		著者	頁	本体
1.	(8回)	情報リテラシー	立花 康夫／曽日 将秀／春 雄 共著	234	2800円
2.	(15回)	データ構造とアルゴリズム	伊藤 大雄 著	228	2800円
4.	(7回)	プログラミング言語論	大口 通夫／山味 弘 共著	238	2900円
5.	(14回)	論理回路	曽和 将容／範 公司 共著	174	2500円
6.	(1回)	コンピュータアーキテクチャ	曽和 将容 著	232	2800円
7.	(9回)	オペレーティングシステム	大澤 範高 著	240	2900円
8.	(3回)	コンパイラ	中田 育男 監修／中井 央	206	2500円
11.	(17回)	改訂 ディジタル通信	岩波 保則 著	240	2900円
12.	(19回)	人工知能原理(改訂版)	加納 政芳／山田 雅之／遠藤 守 共著	232	2900円
13.	(10回)	ディジタルシグナルプロセッシング	岩田 彰 編著	190	2500円
15.	(18回)	離散数学	牛島 和夫 編著／相廣 利雄／朝 民一 共著	224	3000円
16.	(5回)	計算論	小林 孝次郎 著	214	2600円
18.	(11回)	数理論理学	古川 康一／向井 国昭 共著	234	2800円
19.	(6回)	数理計画法	加藤 直樹 著	232	2800円

定価は本体価格+税です。
定価は変更されることがありますのでご了承下さい。

図書目録進呈◆

自然言語処理シリーズ

(各巻A5判)

■監修　奥村 学

配本順		著者	頁	本体
1.（2回）	言語処理のための**機械学習入門**	高村 大也 著	224	2800円
2.（1回）	質問応答システム	磯崎・東中・永田・加藤 共著	254	3200円
3.	情報抽出	関根 聡 著		
4.（4回）	機械翻訳	渡辺・今村・賀沢・Graham・中澤 共著	328	4200円
5.（3回）	特許情報処理：言語処理的アプローチ	藤井・谷川・岩山・難波・山本・内山 共著	240	3000円
6.	Web 言語処理	奥村 学 著		
7.（5回）	対話システム	中野・駒谷・船越・中野 共著	296	3700円
8.（6回）	トピックモデルによる統計的潜在意味解析	佐藤 一誠 著	272	3500円
9.（8回）	構文解析	鶴岡・宮尾・慶祐 共著	186	2400円
10.（7回）	文脈解析　―述語項構造・照応・談話構造の解析―	笹野・飯田・遼平・龍 共著	196	2500円
11.（10回）	語学学習支援のための言語処理	永田 亮 著	222	2900円
12.（9回）	医療言語処理	荒牧 英治 著	182	2400円

定価は本体価格+税です。
定価は変更されることがありますのでご了承下さい。

図書目録進呈◆

シリーズ 情報科学における確率モデル

(各巻A5判)

■編集委員長　土肥　正
■編集委員　　栗田多喜夫・岡村寛之

配本順			著者	頁	本体
1	(1回)	統計的パターン認識と判別分析	栗田多喜夫・日高章理 共著	236	3400円
2	(2回)	ボルツマンマシン	恐神貴行 著	220	3200円
3	(3回)	捜索理論における確率モデル	宝崎隆祐・飯田耕司 共著	296	4200円
4	(4回)	マルコフ決定過程 ―理論とアルゴリズム―	中出康一 著	202	2900円
5	(5回)	エントロピーの幾何学	田中勝 著	206	3000円
6	(6回)	確率システムにおける制御理論	向谷博明 著	270	3900円
7	(7回)	システム信頼性の数理	大鑄史男 著	270	4000円
8	(8回)	確率的ゲーム理論	菊田健作 著	254	3700円
9	(9回)	ベイズ学習とマルコフ決定過程	中井達 著	232	3400円
10	(10回)	最良選択問題の諸相 ―秘書問題とその周辺―	玉置光司 著	270	4100円
11	(11回)	協力ゲームの理論と応用	菊田健作 著	284	4400円
12	(12回)	コピュラ理論の基礎	江村剛志 著		近刊
		マルコフ連鎖と計算アルゴリズム	岡村寛之 著		
		確率モデルによる性能評価	笠原正治 著		
		ソフトウェア信頼性のための統計モデリング	土肥正・岡村寛之 共著		
		ファジィ確率モデル	片桐英樹 著		
		高次元データの科学	酒井智弥 著		
		空間点過程とセルラネットワークモデル	三好直人 著		
		部分空間法とその発展	福井和広 著		
		連続-kシステムの最適設計 ―アルゴリズムと理論―	山本久志・秋葉知昭 共著		

定価は本体価格+税です。
定価は変更されることがありますのでご了承下さい。

図書目録進呈◆

電子情報通信学会 大学シリーズ

（各巻A5判，欠番は品切または未発行です）

■電子情報通信学会編

配本順				頁	本体
A-1	(40回)	応用代数	伊藤理正夫 共著 重悟	242	3000円
A-2	(38回)	応用解析	堀内和夫著	340	4100円
A-3	(10回)	応用ベクトル解析	宮崎保光著	234	2900円
A-4	(5回)	数値計算法	戸川隼人著	196	2400円
A-5	(33回)	情報数学	廣瀬健著	254	2900円
A-6	(7回)	応用確率論	砂原善文著	220	2500円
B-1	(57回)	改訂 電磁理論	熊谷信昭著	340	4100円
B-2	(46回)	改訂 電磁気計測	菅野允著	232	2800円
B-3	(56回)	電子計測（改訂版）	都築泰雄著	214	2600円
C-1	(34回)	回路基礎論	岸源也著	290	3300円
C-2	(6回)	回路の応答	武部幹著	220	2700円
C-3	(11回)	回路の合成	古賀利郎著	220	2700円
C-4	(41回)	基礎アナログ電子回路	平野浩太郎著	236	2900円
C-5	(51回)	アナログ集積電子回路	柳沢健著	224	2700円
C-6	(42回)	パルス回路	内山明彦著	186	2300円
D-3	(1回)	電子物性	大坂之雄著	180	2100円
D-4	(23回)	物質の構造	高橋清著	238	2900円
D-5	(58回)	光・電磁物性	多田邦雄 共著 松本俊	232	2800円
D-6	(13回)	電子材料・部品と計測	川端昭著	248	3000円
D-7	(21回)	電子デバイスプロセス	西永頌著	202	2500円

配本順			頁	本体
E-1 (18回)	半導体デバイス	古川 静二郎 著	248	3000円
E-3 (48回)	センサデバイス	浜川 圭弘 著	200	2400円
E-4 (60回)	新版 光デバイス	末松 安晴 著	240	3000円
E-5 (53回)	半導体集積回路	菅野 卓雄 著	164	2000円
F-1 (50回)	通信工学通論	畔柳 功 芳光 共著 塩谷	280	3400円
F-2 (20回)	伝送回路	辻井 重男 著	186	2300円
F-4 (30回)	通信方式	平松 啓二 著	248	3000円
F-5 (12回)	通信伝送工学	丸林 元 著	232	2800円
F-7 (8回)	通信網工学	秋山 稔 著	252	3100円
F-8 (24回)	電磁波工学	安達 三郎 著	206	2500円
F-9 (37回)	マイクロ波・ミリ波工学	内藤 喜之 著	218	2700円
F-11 (32回)	応用電波工学	池上 文夫 著	218	2700円
F-12 (19回)	音響工学	城戸 健一 著	196	2400円
G-1 (4回)	情報理論	磯道 義典 著	184	2300円
G-3 (16回)	ディジタル回路	斉藤 忠夫 著	218	2700円
G-4 (54回)	データ構造とアルゴリズム	斎藤 信男 共著 西原 清 二	232	2800円
H-1 (14回)	プログラミング	有田 五次郎 著	234	2100円
H-2 (39回)	情報処理と電子計算機 (「情報処理通論」改題新版)	有澤 誠 著	178	2200円
H-7 (28回)	オペレーティングシステム論	池田 克夫 著	206	2500円
I-3 (49回)	シミュレーション	中西 俊男 著	216	2600円
I-4 (22回)	パターン情報処理	長尾 真 著	200	2400円
J-1 (52回)	電気エネルギー工学	鬼頭 幸生 著	312	3800円
J-4 (29回)	生体工学	斎藤 正男 著	244	3000円
J-5 (59回)	新版 画像工学	長谷川 伸 著	254	3100円

定価は本体価格+税です。
定価は変更されることがありますのでご了承下さい。

図書目録進呈◆

電子情報通信レクチャーシリーズ

(各巻B5判，欠番は品切または未発行です)
■電子情報通信学会編

	配本順			頁	本体
共通					
A-1	(第30回)	電子情報通信と産業	西村吉雄著	272	4700円
A-2	(第14回)	電子情報通信技術史 ―おもに日本を中心としたマイルストーン―	「技術と歴史」研究会編	276	4700円
A-3	(第26回)	情報社会・セキュリティ・倫理	辻井重男著	172	3000円
A-5	(第6回)	情報リテラシーとプレゼンテーション	青木由直著	216	3400円
A-6	(第29回)	コンピュータの基礎	村岡洋一著	160	2800円
A-7	(第19回)	情報通信ネットワーク	水澤純一著	192	3000円
A-9	(第38回)	電子物性とデバイス	益一哉 天川修平 共著	244	4200円
基礎					
B-5	(第33回)	論理回路	安浦寛人著	140	2400円
B-6	(第9回)	オートマトン・言語と計算理論	岩間一雄著	186	3000円
B-7	(第40回)	コンピュータプログラミング ―Pythonでアルゴリズムを実装しながら問題解決を行う―	富樫敦著	208	3300円
B-8	(第35回)	データ構造とアルゴリズム	岩沼宏治他著	208	3300円
B-9	(第36回)	ネットワーク工学	田中裕介 村野敬正 仙石和 共著	156	2700円
B-10	(第1回)	電磁気学	後藤尚久著	186	2900円
B-11	(第20回)	基礎電子物性工学 ―量子力学の基本と応用―	阿部正紀著	154	2700円
B-12	(第4回)	波動解析基礎	小柴正則著	162	2600円
B-13	(第2回)	電磁気計測	岩﨑俊著	182	2900円
基盤					
C-1	(第13回)	情報・符号・暗号の理論	今井秀樹著	220	3500円
C-3	(第25回)	電子回路	関根慶太郎著	190	3300円
C-4	(第21回)	数理計画法	山下信雄 福島雅夫 共著	192	3000円

配本順				頁	本体
C-6	(第17回)	インターネット工学	後藤滋樹／外山勝保 共著	162	2800円
C-7	(第3回)	画像・メディア工学	吹抜敬彦 著	182	2900円
C-8	(第32回)	音声・言語処理	広瀬啓吉 著	140	2400円
C-9	(第11回)	コンピュータアーキテクチャ	坂井修一 著	158	2700円
C-13	(第31回)	集積回路設計	浅田邦博 著	208	3600円
C-14	(第27回)	電子デバイス	和保孝夫 著	198	3200円
C-15	(第8回)	光・電磁波工学	鹿子嶋憲一 著	200	3300円
C-16	(第28回)	電子物性工学	奥村次徳 著	160	2800円

展開

D-3	(第22回)	非線形理論	香田徹 著	208	3600円
D-5	(第23回)	モバイルコミュニケーション	中川正雄／大槻知明 共著	176	3000円
D-8	(第12回)	現代暗号の基礎数理	黒澤馨／尾形わかは 共著	198	3100円
D-11	(第18回)	結像光学の基礎	本田捷夫 著	174	3000円
D-14	(第5回)	並列分散処理	谷口秀夫 著	148	2300円
D-15	(第37回)	電波システム工学	唐沢好男／藤井威生 共著	228	3900円
D-16	(第39回)	電磁環境工学	徳田正満 著	206	3600円
D-17	(第16回)	VLSI工学 ─基礎・設計編─	岩田穆 著	182	3100円
D-18	(第10回)	超高速エレクトロニクス	中村徹／三島友義 共著	158	2600円
D-23	(第24回)	バイオ情報学 ─パーソナルゲノム解析から生体シミュレーションまで─	小長谷明彦 著	172	3000円
D-24	(第7回)	脳工学	武田常広 著	240	3800円
D-25	(第34回)	福祉工学の基礎	伊福部達 著	236	4100円
D-27	(第15回)	VLSI工学 ─製造プロセス編─	角南英夫 著	204	3300円

定価は本体価格+税です。
定価は変更されることがありますのでご了承下さい。

図書目録進呈◆

現代非線形科学シリーズ

（各巻A5判，欠番は品切または未発行です）

■編集委員長　大石進一
■編集委員　合原一幸・香田　徹・田中　衞

			頁	本体
1.	非線形解析入門	大石進一著	254	2800円
4.	神経システムの非線形現象	林　初男著	202	2300円
7.	電子回路シミュレーション	牛田明夫／田中衞 共著	284	3400円
8.	フラクタルと画像処理 ―差分力学系の基礎と応用―	徳永隆治著	166	2000円
9.	非線形制御	平井一正著	232	2800円
10.	非線形回路	遠藤哲郎著	220	2800円
11.	2点境界値問題の数理	山本哲朗著	254	2800円

定価は本体価格+税です。
定価は変更されることがありますのでご了承下さい。

図書目録進呈◆